青少年文库

# 森林报·夏

【俄】比安基 著　沈念驹 译

浙江文艺出版社

# 前言

维塔里·瓦连季诺维奇·比安基是俄罗斯著名儿童文学作家,1894年2月11日生于彼得堡一个生物学家的家庭。他从小受家庭的熏陶,对大自然的奥秘产生了浓厚的兴趣,有一种探索其奥秘的强烈愿望,后来报考并升入彼得堡大学物理数学系,学习自然专业,与家庭的影响是有关的。他在科学考察、旅行、狩猎及与护林员、老猎人的交往中留心观察和研究自然界的各种生物,积累了丰富的素材,使以后的文学创作有了坚实的基础,使他笔下的生灵栩栩如生,形象逼真动人。1928年问世的《森林报》是他正式走上文学创作道路的标志。1959年6月10日比安基在列宁格勒逝世,享年65岁。他的创作除了《森林报》,还有作品集《森林中的真事和传说》(1957年)、《中短篇小说集》(1959年)、《短篇小说和童话集》(1960年)。

比安基的创作以小读者为对象,旨在以生动的故事和写实的叙述,向少年儿童传授科学知识,激发其探索大自然奥秘的兴趣,并从小培养热爱大自然、关注并保护生态环境的意识。

《森林报》虽然问世于1928年①,但在此后的几十年里一再重版(至1961年已出到第10版),究其原因,就是它以独特的视角和独特的表现手法所宣扬的"人与自然和谐相处"的主题,具有恒久不衰的生命力。如果说作家在中短篇小说中描写的主要是动物故事及与动物相关的人的故事,那么《森林报》则向读者全面展示了自然界的大千世界,举凡天地水陆所有的生灵都有涉及。不仅如此,他还对当时苏联全国各地山川形胜和自然环境有生动的描述,使小读者在轻松愉快、饶有趣味的阅读中潜移默化地产生对祖国的情感。

当时序进入21世纪,经济的发展、科技的进步使人类对大自然过度的索取受到大自然越来越强烈的报复时,"人与自然和谐相处"的命题从来没有像今天这样严峻地摆在作为万物灵长的人类面前。希望《森林报》又一个中译本的问世,能对中国未来的一代早早地树立起热爱自然、关注环境的理念产生有益的影响。

20世纪50年代初,在特定的国际环境中,由于西方世界对新生的中华人民共和国的敌视和封锁,我们只能走"向苏联一边倒"这条路。由此引发了国内的学俄语热和引进苏俄文化、科技热。后来随着60年代初的中苏交恶和70年代末中国对世界的开放,国内学英语和其他语种的人越来越多,俄语逐渐成为学校教学中的小语种学科,同时西方文化和科技的大量涌入,使原先热门的俄语和对俄罗斯文化的介绍,比重自然下降。如今,从五六十年代过来的人所熟悉的有关俄罗斯的东西,年青一代就比较陌生了,幼小的一代更生疏。因此,在本书译文中有必要对有些关涉俄罗斯文化而为当今青少年所陌生的东西有所交代,这就是译者在译本中加了许多注的原因。译者仍然希望自己的善意并非多

---

① 据苏联百科全书国家科学出版社1962年俄文版《简明文学百科全书》有关条目载,《森林报》首版于1928年,与本书《致读者》一文的首版于1927年一说有异,姑立此存照。

此一举。俄文原著中也有极少的注释,译者在翻译时如觉得有必要向中国读者交代,就据实译出,并注明"原作者注"字样。凡译者自己的注释,则不再说明。俄文版《森林报》原著共十二期,合订成一册出版,篇幅相当大。为方便携带和阅读,中文版编者将其按春、夏、秋、冬四季分成四册出版,这是个好主意,既保持了原著风貌,又方便了读者。译者谨向编者表示深切的谢意。

本书涉及动植物的知识相当广博,以译者的浅陋,在翻译过程中遇到的困难是很多的,有时可能超过文学经典翻译中所遇的困难,需要查阅许多工具书和资料。即使这样,仍然可能会出现译者力所不逮的问题。对此,谨祈同行和方家批评指正。

译者

2009年冬于杭州西溪陋室

# 目录

致读者　1

本报首位驻林地记者　5

森林年　7

森林年历　9

## 第四期　筑巢月(夏一月)

什么动物住在什么地方　13

　　精致的家 / 哪一种动物的家最好 / 还有哪一种动物有窝 / 什么动物用什么材料给自己造屋 / 寄居别家 / 公共宿舍 / 窝里有什么

林间纪事　22

　　狐狸是怎样把獾撵出家门的 / 有趣的植物 / 顺应第一需求 / 夜间神秘的盗贼 / 夜鹰蛋奇异消失 / 勇敢的小鱼 / 谁是凶手 / 六只脚的鼹鼠 / 救命的刺猬 / 蜥蜴 / 毛脚燕的窝 / 苍头燕雀的幼雏和它母亲

绿色朋友　　36
　　恢复森林
农事纪程　　38
　　既不打野禽也不打野兽 / 跳来跳去的敌害 / 征伐跳甲虫 / 飞来飞去的敌害 / 蚊子和蚊子的区别 / 叫蚊子去死
狩猎纪事　　43
　　难得遇见的一件事
天南海北　　48
射靶　　60
公告　　62

## 第五期　育雏月（夏二月）

森林里的小宝宝　　67
　　谁有几个小宝宝 / 失去照看的宝宝 / 操心的父母 / 田鹬和䴔鹕出什么样的幼雏 / 科特林岛上的聚居地 / 反其道而行之
林间纪事　　74
　　可怕的小鸟 / 小熊崽洗澡 / 浆果 / 猫咪喂养大的动物 / 小小转头鸟的诡计 / 一场骗局 / 可怕的花朵 / 水下的打斗 / 不是风，不是鸟，而是水 / 潜鸭 / 别具一格的果实 / 小凤头䴙䴘 / 夏末的铃兰 / 蓝的和绿的

农事纪程　88
　　森林的朋友 / 人人都有事可做
鸟岛　91
狩猎纪事　95
　　黑夜里所受的惊吓 / 光天化日下的劫掠 / 谁是敌, 谁是友 / 对猛禽的捕猎 / 夏季开猎
射靶　105
公告　107

第六期　成群月(夏三月)

森林里的新习俗　113
　　我为大家, 大家为我 / 教场 / 咕尔雷! 咕尔雷 / 会飞的蜘蛛
林间纪事　118
　　把强盗罩起来 / 草莓 / 熊的胆量 / 食用菇 / 毒菌 / 暴风雪
绿色朋友　127
　　应当种什么 / 机器植树 / 新开湖 / 我们帮助年轻的森林成长 / 我们将帮助森林恢复元气 / 森林周
农事纪程　132
　　火眼金睛的报道 / 农庄需要的草籽会有的
狩猎纪事　135

带塞特狗和西班牙狗出猎 / 猎野鸭 / 助手 / 在山杨林里 / 不诚实的游戏

射靶　　152

公告　　154

## 射靶　火眼金睛答案

射靶答案　　159

"火眼金睛"称号竞赛答案　　164

纪念我的父亲

瓦连京·利沃维奇·比安基

# 致读者

　　一般的报刊,写的都是关于人的事。然而孩子们感兴趣的是想知道野兽、鸟类和昆虫如何生活的。

　　森林里发生的事情不比城市里少。那里照样有各行各业,经常过快乐的节日,也常有不幸事件发生。那里有自己的英雄和盗贼。而城市里的报刊却很少写这方面的事,所以谁也不知道森林里的所有新闻。

　　比如说有谁听说过在我们列宁格勒州,在冰天雪地的严冬会从地里爬出不长翅膀的蚊子,而且光着脚丫子在雪地里飞奔呢?关于森林中的巨兽驼鹿与驼鹿的鏖战,关于候鸟迢迢万里的长途迁徙,关于黑水鸡徒步穿越整个欧洲的有趣旅行,你能从哪一份报上读到呢?

　　有关这一切种种的故事都可以在《森林报》上读到。

我们将十二期《森林报》(每月一期)合订成一册。每一期都由编辑部的文章、我们驻林地记者的电报和书信以及有关狩猎的故事组成。

我们驻林地的记者是些什么样的人呢？他们是孩子、猎人、科学家和护林员——所有在森林里跋涉，对野兽、鸟类和昆虫的生活感兴趣，记录森林里发生的形形色色事件并将其寄往我们编辑部的人。

独立成书的《森林报》首次问世是在1927年。从那时起它已重版了七次，每次都补充了新的篇章。

我们将一名专职记者派到著名猎人塞索伊·塞索伊奇身边。他们一起打猎，当他们坐在篝火边休息时，塞索伊·塞索伊奇就讲述自己的历险奇遇。我们的记者便把他讲的故事记录下来，寄往我们编辑部。

每一期报纸都附有一个答题游戏。我们把这个游戏称为"射靶"。在这个"靶场"，读者可以比赛自己答题的命中率。谁专心阅读了报上的文章，他就能轻松地解答大部分问题。每答对一题计两分。

建议我们的读者在做"射靶"游戏时组成一个小组。把问题念出声来，所有参加游戏的人各自把答案写在自己的纸上。许多问题(比如"长脚秧鸡的个头有多高？")最好不要马上回答，而是过几天，按大家约定的办法做。在这段时间里可以到草地上去走走，观察长脚秧鸡，然后就知道它是什么样儿了。

《森林报》诞生在列宁格勒[①]，也在那里印刷出版；这是一份

---

[①] 这是圣彼得堡在苏联时期从1924年起的名称，1991年底苏联解体后恢复原名。

州报。报上报道的所有事件几乎都发生在列宁格勒州或就在列宁格勒市内。

然而我们国家幅员辽阔。大到北方边境风雪漫天、冷得连血液都会结冰,而南方边陲却赤日炎炎、鲜花盛开;我们祖国西部的孩子们正酣然入梦,东部的孩子们却已经睡醒,正在起床。所以《森林报》的读者希望从本报不仅能了解列宁格勒州发生的事,而且能了解与此同时在我国各地发生的事。按照我们读者的要求,我们在《森林报》上设置了我们的记者发自苏联各地的"无线电通报"栏目。

我们刊登塔斯社[①]有关我们的小伙伴们的工作和功绩的一系列消息。

我们开辟公告栏,通过它在我们的读者中征聘善于辨别踪迹的优秀侦察员"火眼金睛"。

我们还请求生物科学博士、植物学家和女作家尼娜·米哈伊洛夫娜·帕甫洛娃为我们的《森林报》撰写有关我国许多有趣的植物的文章。

我们的读者应当了解大自然的生活,以便学会改造自然,按自己的意愿支配植物和动物的生活。

要知道当我们《森林报》的读者长大以后,他们自己就将培育令人惊异的植物新品种,将会为了祖国的利益管理森林里的生命。但是为了给国家带来益处,而不是危害,就应当好生了解亲爱的大自然,应当好生研究植物和动物的生活。

---

[①] 俄文"苏联电报通讯社"的音译,系由四个俄文单词的第一个字母组成的缩写词。苏联解体后,该社至今仍沿用"塔斯"的原名。

我们的首位驻林地记者

*德米特里·尼基福罗维奇·卡依戈罗多夫*

# 本报首位驻林地记者

在早年，列宁格勒人和林区居民经常会在公园里遇见一位戴眼镜、目光专注的白发教授。他常竖耳谛听鸟儿的啼鸣，仔细观察每一只飞经身边的蝴蝶或苍蝇。

我们大城市的居民不善于发现春天里每一只新出现的鸟儿或蝴蝶，而春天林中新发生的任何一件事都逃不过他的眼睛。

这位教授名叫德米特里·尼基福罗维奇·卡依戈罗多夫。德米特里·尼基福罗维奇对我们城市及其近郊充满活力的大自然一连观察了半个世纪。整整五十年，他眼看着春季替代了冬季，夏季替代了春季，秋季替代了夏季，于是冬季又复来临。鸟群飞走又飞来，花朵和树木花开又花落。德米特里·尼基福罗维奇一丝不苟地记录自己的观察结果：什么时间出现什么现象，然后在报上发表。

他还呼吁别人，尤其是青年，观察大自然，记录观察所得并把笔记寄给他。许多人响应了他的呼吁。他那支记者观察员的队伍年复一年地在壮大又壮大。

如今许多热爱大自然的人——我国的方志学家、学者、少先队员和小学生都效法德米特里·尼基福罗维奇开创的先例,继续进行这样的观察并收集观察结果。

在五十年中,德米特里·尼基福罗维奇已经积累了许多观察的结果。他把这一切都整合在一起。所以现在,由于他持久、顽强、细心的工作和我们的读者未闻其名的其他许多科学家的劳动,我们知道春季里什么时候哪些鸟类飞来我们这里,秋季里它们又何时飞离我们,我们的鲜花和树木又如何生活。

德米特里·尼基福罗维奇为孩子和成人写了许多有关鸟类、森林和田野的书。他亲自在小学里工作,并且总是证明:孩子们研究亲爱的大自然应当不是在书本上,而是在林间和田野散步的时候。

1924年2月11日,由于久患重病,德米特里·尼基福罗维奇去世了,未能活到新一年春季的来临。

我们将永远纪念他。

# 森林年

我们的读者可能会以为印在《森林报》上有关森林和城市的消息都是旧闻。其实不是这么回事。不错,每年总是有春天,然而每年的春天都是新的,无论你生活多少年,你不可能看见两个相同的春天。

年仿佛一个装着十二根辐条(十二个月)的车轮:十二根辐条都闪过一遍,车轮就转过整整一圈,于是又轮到第一根辐条闪过。可是车轮已经不在原地,而是远远地向前滚去。

又是春季来临,森林开始苏醒,狗熊爬出洞穴,河水淹没居住地下的生灵,候鸟飞临。鸟类又开始嬉戏、舞蹈,野兽生下幼崽。于是读者将在《森林报》上发现林间最新的所有消息。

我们在这里刊登每年的森林年历。它与一般的年历很少有相似之处,不过这没有什么好大惊小怪的。

因为野兽和鸟类可不按咱们人类的时令办事;它们自有特殊的年历:林中万物按太阳的运行生活。

一年之间太阳在天空走完一个大圆。每一个月它经过一个星座——黄道十二宫①(即所谓的十二星座)的一宫。

在森林年历上元旦不在冬季,而在春季——当太阳进入白羊星座的时候。当森林迎来太阳的时候,那里常常充满了欢乐的节日;而森林送走太阳的时候,就是忧愁寡欢的日子。

我们把森林年历也同我们的年历一样划分为十二个月。只是我们对这十二个月按另一种方式,也就是按森林里的方式称呼。

---

① 在地球绕太阳做圆周运动时,在地球上看来,似乎太阳在天空每年做一次圆周运动,太阳的这一移动路线(视路径)就叫"黄道",沿黄道分布的黄道十二星座的总称叫"黄道带",这十二个星座对应十二个月,每个月用太阳在该月所在的星座符号来标示。由于春分点的不断移动(约七十年移动一度),目前太阳每月的位置都在两个邻近星座之间,但每月仍保留以前的符号,这十二星座的名称从春分点起(3月20日或21日)依次为:白羊、金牛、双子、巨蟹、狮子、室女、天秤、天蝎、人马、摩羯、宝瓶、双鱼。

# 森林年历

**月份**

  1 月  苏醒月(春一月)——3 月 21 日至 4 月 20 日

  2 月  候鸟回乡月(春二月)——4 月 21 日至 5 月 20 日

  3 月  歌舞月(春三月)——5 月 21 日至 6 月 20 日

  4 月  筑巢月(夏一月)——6 月 21 日至 7 月 20 日

  5 月  育雏月(夏二月)——7 月 21 日至 8 月 20 日

  6 月  成群月(夏三月)——8 月 21 日至 9 月 20 日

  7 月  候鸟辞乡月(秋一月)——9 月 21 日至 10 月 20 日

  8 月  仓满粮足月(秋二月)——10 月 21 日至 11 月 20 日

  9 月  冬季客至月(秋三月)——11 月 21 日至 12 月 20 日

  10 月  小道初白月(冬一月)——12 月 21 日至 1 月 20 日

  11 月  啼饥号寒月(冬二月)——1 月 21 日至 2 月 20 日

  12 月  熬待春归月(冬三月)——2 月 21 日至 3 月 20 日

# 森林报

**No.4**

筑巢月

（夏一月）

6月21日至7月20日

太阳进入巨蟹星座

### 第四期目录

什么动物住在什么地方
  *精致的家 / 哪一种动物的家最好 / 还有哪一种动物有窝 / 什么动物用什么材料给自己造屋 / 寄居别家 / 公共宿舍 / 窝里有什么*
林间纪事
  *狐狸是怎样把獾撵出家门的 / 有趣的植物 / 顺应第一需求 / 夜间神秘的盗贼 / 夜鹰蛋奇异消失 / 勇敢的小鱼 / 谁是凶手 / 六只脚的鼹鼠 / 救命的刺猬 / 蜥蜴 / 毛脚燕的窝 / 苍头燕雀的幼雏和它母亲*
绿色朋友
农事纪程
狩猎纪事
天南海北
射靶
公告

# 什么动物住在什么地方

孵育雏鸟的时节已经来临。森林里每一种鸟都为自己筑了巢。

我们的记者决定搞清楚兽类、鸟类、鱼类和昆虫各在什么地方居住,如何生活。

## 精致的家

原来整座森林从上到下现在都被动物的住所占满了。一处空闲的地方也没有剩下。它们住在地上,地下,水上,水下,树上,树内,草丛和空中。

空中有黄莺的家。它把用大麻纤维、草茎、毛毛和绒毛编织的小篮悬挂在离地高高的桦树枝条上。小

篮子里放着黄莺的蛋。真叫人奇怪,在风儿吹得树枝东摇西晃时,这些蛋竟不会被打破。

云雀、林鹨、黄鹂和许多其他鸟类在草丛里安家。我们的记者最喜欢柳莺的小窝棚。它用干草和苔藓做成,上面有盖儿,出入口在旁边。在树里面——树洞里——安家的有飞鼠(肢间有蹼的一种松鼠)、甲虫木蠹蛾、小蠹虫、啄木鸟、山雀、椋鸟、猫头鹰和别的鸟类。

在地下安家的有鼹鼠、老鼠、獾、灰沙燕、翠鸟和各种昆虫。

凤头鸊鷉——属于潜鸟类的一种水鸟——做的是在水上漂流的窝,这种窝由一堆沼泽地的野草、芦苇和水藻构成。凤头鸊鷉趴在上面在湖面上任意漂流,就如乘着木筏一般。

在水下安家的有石蛾和水蜘蛛。

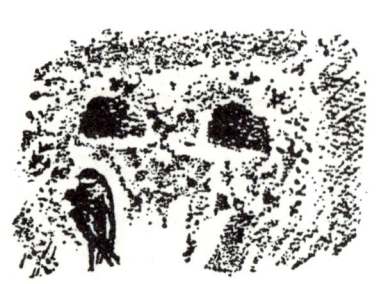 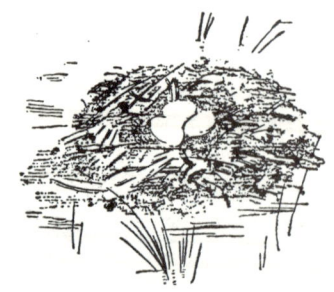

## 哪一种动物的家最好

我们的记者决计寻找最好的窝。看来要解答哪一种动物的家最好的问题并不那么简单。

最大的窝是鹰窝。它由粗树枝构成,安在高大粗壮的松树上。

最小的窝是黄头戴菊鸟的窝。整个窝大小像个小拳头,而且它本身的个头比蜻蜓还小。

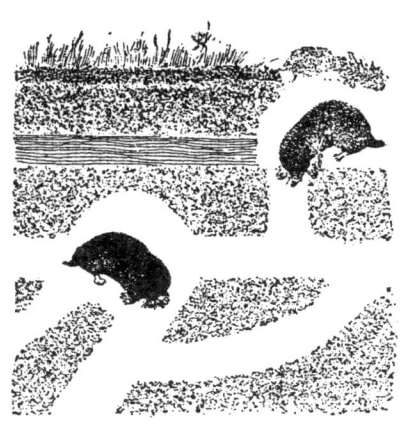

最狡猾的窝是鼹鼠窝。它有那么多备用的通道和出口,所以你无论如何也无法从洞穴里挖到它。

最精巧的窝是象甲虫(一种带长鼻的小甲虫)的窝。象甲虫啃食桦树叶的叶脉,树叶开始枯萎时就卷成筒状,它再用唾液将叶子黏住。在这样的筒状小屋里雌象甲虫就产下自己的卵。

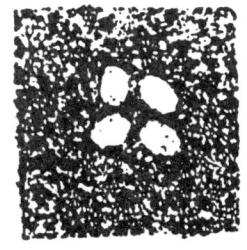

最简单的窝是剑鸻和夜鹰的窝。剑鸻把自己的四个蛋直接产在河岸上的沙里,夜鹰把蛋产在树下干树叶堆成的坑里。这两种鸟在筑巢时不花太多的力气。

最美丽的是柳莺的窝。它在桦树枝上编织自己的窝,用地衣和轻薄的桦树皮修饰居处,再把从某一个别墅的花园里扔掉的各色花纸片编织进去作为装饰。

最安适的是长尾山雀的窝。这种鸟又叫汤勺鸟,因为样子像舀汤用的大勺子。它的窝内部用绒毛、羽毛和细毛发编织,外部则用苔藓和地衣编成。这个窝整个儿圆圆的像个小南瓜,入口也是圆圆的、小小的,位于窝的正中央。

最方便的是水蛾幼虫的窝。

水蛾是一种有翅膀的昆虫。它们在栖息的时候就把翅膀在自己背部像盖子一样叠起来,把自己整个身体都遮住。而水蛾的幼虫没有翅膀,身体是裸露的,没有东西遮蔽自己。它们生活在溪流和小河的底部。

幼虫常常找来一根火柴大小的树枝条或芦苇茎，用小沙粒在上面黏成一圆筒，将身体倒爬进里面。

这样做的结果非常方便：愿意的时候完全躲进圆筒里，尽管安安稳稳睡觉，谁也看不见；想出来的时候把前面的小脚伸出来，连同小屋一起在水底爬行，因为小屋很轻巧。

有一只水蛾的幼虫找到了一截丢弃在水底的烟卷儿的吸嘴，它就钻进里面，带着它在水底旅行。

最令人惊奇的是水蜘蛛的窝。这种蜘蛛把蛛网张在水草之间，在蛛网下方，自己毛茸茸的肚子上，它捉来许多气泡。蜘蛛就这样住在空气组成的小屋里。

## 还有哪一种动物有窝

我们的记者还找到了鱼类和鼠类的窝。

刺鱼为自己营造了一个名副其实的窝。筑巢的是雄鱼。为了筑巢它只用特别费力才能得到的草茎，如果不用嘴巴从水底拔起并抛到上面，这种草自己是不会浮上水面的。它把这些草茎固定在水底的沙滩上。它用自己的胶液涂抹巢的四壁和天顶，再在所有的小孔里塞进苔藓。在巢壁上它留下两个洞口。

一种很小的老鼠做的窝完全像鸟巢。小鼠用小草和撕成丝状的草茎编织自己的窝。鼠巢挂在刺柏的树枝上,约两米高的地方。

## 什么动物用什么材料给自己造屋

森林里动物的小屋是用形形色色的材料建筑的。

善歌的鸫鸟用朽木的粉末当混凝土涂抹自己圆巢的内壁。

家燕和毛脚燕用自己的唾液黏结泥土来筑巢。

黑头莺用轻而黏的蛛丝固定筑巢的细树条。

䴕——一种在直立的树干上能头向下奔跑的小鸟——入住了一个开口很大的树洞。为了防止松鼠钻进它的家,䴕用泥土把门堵死,只留很小的一个口子供自己的身子能挤过去。

最好玩的要数翠绿、咖啡、湖蓝三种颜色相间的翠鸟做的窝。它在河岸上给自己深深地挖一个洞,洞内的地面上铺上细细的鱼骨。这块垫子居然还很软和哩。

## 寄居别家

如果有动物不会或懒于为自己营造小屋,它就去霸占人家的房子。

杜鹃把卵产在鹡鸰、红胸鸲、莺和其他善于持家的小鸟的窝里。

林间白腰草鹬寻找旧的乌鸦巢,把自己的蛋产在里面。

鲄鱼非常喜欢位于沙岸边水下被主人废弃的蟹洞。鱼儿就在那里产卵。

只有麻雀的手段非常狡猾。

它把巢筑在屋檐下,却让小孩儿扒了。

它把巢筑在了树洞里,伶鼬又把所有的蛋拖走了。

于是麻雀把自己的窝依附在雕的大窝里。在构成这个窝的粗枝之间它自由自在地安下了自己的小窝儿。

现在麻雀日子过得安安稳稳,谁也不怕了。身高体大的雕对这么小的一只鸟压根儿连睬也不睬。无论伶鼬,还是猫咪或者鹞鹰,甚至小孩儿,都不会来捣毁麻雀的窝了,因为谁都怕雕呀。

## 公共宿舍

森林里也有公共宿舍。

蜜蜂、黄蜂、熊蜂和蚂蚁筑的巢可以容纳几百几千的居民。

白嘴鸦占据一座座花园和小树林作为自己的侨居地;鸥鸟则占据沼泽地、有沙滩的岛屿和浅滩;灰沙燕在陡峭的河岸上凿遍了自己栖身的小洞。

## 窝里有什么

窝里有鸟蛋,每一种鸟的蛋都各不相同。

但是问题并非不同的鸟有不同的蛋那么简单。

田鹬的蛋布满了斑点和小麻点,而歪脖鸟的蛋是白的,稍带点绯红色。

问题在于歪脖鸟的蛋下在又深又暗的树洞里,所以你看不见。而田鹬的蛋直接就下在小草墩上,完全外露。假如它们是白色的,那就谁都能发现。所以它们就被装饰成接近草墩的颜色,你还没发现,一脚就踩上了。

野鸭的蛋也几乎是白色的,而它们的巢也筑在草墩上,同样是开放式的。不过野鸭也耍了点小花招。当野鸭要离开巢的时候,它就拔下自己腹部的羽绒,把蛋盖起来。这样蛋就看不见了。

可是为什么田鹬会生下这样一头尖的蛋呢?要知道像鸢这么体大而凶猛的鸟产的蛋却是圆的。

这又好理解了:田鹬是一种小鸟,比鸢小五倍。如果这些蛋不摆放得那么服服帖帖——尖头对着尖头,使尖的一头都在一起,——以便尽可能不占地方,它怎么用自己小小的身躯来孵这么大的蛋并将它们遮蔽起来呢?

可为什么小小的田鹬有像巨大的鸢那么大的蛋呢?

对于这个问题,只能在下一期的《森林报》上回答了,到那时小田鹬该啄破蛋壳出世了。

# 林间纪事

## 狐狸是怎样把獾撵出家门的

狐狸遭了殃:它洞穴的顶塌了下来,差点把小狐狸压死。

狐狸看到大事不妙,得搬到别的地方去住。

它便去找獾。獾的洞穴很气派,还是自己挖的。有多个进出口,还有应对突然袭击的备用侧洞。

它的洞很宽敞:够两个家庭居住。

狐狸恳求住进去,可獾不让进。它是个处事一板一眼的主

儿,喜欢井井有条,干干净净,哪儿也不愿弄脏,怎么能让它带着一群孩子住进来呢!

它把狐狸赶跑了。

"好哇,"狐狸想道,"你这么对我!行,你等着!"

它做出到森林里去的样子,其实它到了灌木丛后面,在那儿坐着等。

獾往洞外瞅了瞅,见狐狸已经不在,就去森林里找蜗牛吃了。

狐狸一下子溜进洞里,在地上拉上大便,把洞里弄得一塌糊涂,就走了。

獾回来了,——老天,怎么这么臭!它懊丧地哼了一声,就出去为自己挖另一个洞了。

而狐狸要的正是这个结果。

它把幼崽拖来,开始在舒适的獾洞里过起日子。

## 有趣的植物

池塘水面上开始蒙上浮萍。有些人说这是水藻。但是水藻归水藻,浮萍归浮萍。浮萍是一种有趣的植物。它不像别的植物。小小的叶柄和浮在水上的绿色小瓣,小瓣上带有椭圆形突出的边缘。这些突出的边缘就是连接小瓣的小茎和小枝条。浮萍没有叶子。可是偶尔也会出现花朵,不过这种情况很少见。浮萍不需要开花。它的繁殖既简单又快捷。从连接小瓣的小茎上脱落一个小枝,一棵植物就变为两棵了。

浮萍日子过得既滋润又自在,什么也不能把它在一个地方拴住。旁边有一只鸭子游过,浮萍就粘在鸭掌上,于是它就随鸭子飞到了另一个水塘。

H. 帕甫洛娃

## 顺应第一需求

在草甸和林间空地上,紫红色的草地矢车菊已经盛开。我见到它就要联想起伏牛花,因为它和伏牛花一样也会耍小花招。

矢车菊开的不是一朵花,而是一个花序。它那美丽的叉状小花是无实花。真正的花在正中央。这是一个深紫红色的小管子。在这根管子里面才是雌蕊和会耍花招的雄蕊。

只要碰一下紫红色的小管子,它就向旁边一晃,于是一团花粉就从管口溜了出来。

稍过一会你再碰一下这朵小花,它又一晃,又落下一团花粉。

这就是它的全部花招!

花粉不会平白无故地四处抛撒,而是顺应每个昆虫的第一需求按份发放。拿去吃吧,把身子粘脏了,只求能把花粉带给另外一棵矢车菊,即使只有几小颗。

H. 帕甫洛娃

## 夜间神秘的盗贼

森林里出现了一个神秘的盗贼。森林里的居民们惶恐不安了。

每天夜里都会有几只年轻的小兔子失踪。每到夜里,无论小鹿、花尾榛鸡、母黑琴鸡、松鸡、兔子还是松鼠,谁都没有安全感。不管是树丛里的鸟儿,还是树上的松鼠,或者地上的老鼠,都不知道攻击会来自何方。神秘的杀手会突然出现,忽而来自草丛,忽而来自树丛,忽而来自树上。也许它不是孤零零的一个:说不定是整整一伙盗贼呢。

几天前森林里的一种小鹿——狍子的一个家庭:公狍、母狍和两只幼狍夜里在林间空地上吃草。公狍站在离灌木丛八步远的地方警戒,母狍带着幼崽在空地中央吃草。

突然树丛里窜出一个黑黑的身影,直扑公狍的脊背。公狍倒下了。母狍带着幼狍逃进了林子。

早晨母狍回到林间空地时,公狍的身体只剩下一对角和四

条细腿。

而昨天夜里一头驼鹿也遭遇了攻击。它正在僻静的林子里走路,看到一棵树上一根枝杈间似乎多出了一个难看的大赘瘤。

这林中的巨兽还怕谁呀?它头上有那么一对角,连熊也不敢攻击它。

驼鹿走近这棵树下,刚想抬头看个明白,究竟树杈上多出的是什么玩意儿,突然一样可怕而沉重的东西坠落到它的后颈上,那重量足足有30公斤。

驼鹿大吃一惊,——当然是由于事出意外,——便把头一摇,将盗贼从背上甩掉,头也不回地跑了起来。它始终不知是谁在黑夜里向它发起了攻击。

我们的森林里没有狼,而且狼不上树。熊现在钻进了密林——正在换毛,而且它不会从树上往驼鹿的后颈上跳。究竟这神秘的盗贼是什么?

暂时还不得而知。

## 夜鹰蛋奇异消失

我们的记者找到了一个夜鹰窝。一个坑里放着两个蛋,当人走近时母夜鹰从蛋上飞走了。

我们的记者没有去触动这个窝,只是让自己看清楚窝所在的位置。

一小时以后他们回到了窝边,但是蛋已经没有了。

但是两天以后他们发现了蛋的去处:母夜鹰把它们含在嘴

里搬到了另一个地方。它担心人会毁了它的窝。

## 勇敢的小鱼

我们在前面已经说过雄刺鱼在水下筑了什么样的一个巢。

在工程结束后它选择了一条雌刺鱼,把它带回自己家。雌鱼走进门里,产下卵,马上就溜走到了别家门里。

雄鱼又去找另一条雌鱼来,接着又找来第三条和第四条,但是所有的雌鱼都从它身边溜走了,只把卵留下来让它照管。

于是雄鱼就独自留下来守家,而家里却放着一整堆的鱼卵。

河里有的是对刚产的鱼卵垂涎三尺的食客。可怜的小雄鱼只好守卫自己的窝,使它免遭水下凶猛的怪物的袭击。

不久前饕餮之徒鲈鱼向它的窝发动了攻击。小小的窝主英勇地投入了与怪物的搏斗。

它竖起了身上所有的五根刺:三根在背上,两根在肚皮上,机灵地向鲈鱼的面部猛扎过去。

鲈鱼全身披满了坚固的盔甲——鳞片,唯有脸部是不设防的。鲈鱼被英勇的小鱼吓退了,便溜之大吉。

## 谁是凶手

*(请参阅《夜间神秘的盗贼》一文)*

今天夜间在森林里的一棵树上,发生了一件针对一只松鼠的凶杀案。我们察看了凶杀现场,根据凶手在树干上和树下地面上留下的痕迹,我们弄清楚那个神秘的夜盗是谁了,它不久前曾杀死狍子,使整座林子惶惶不可终日。

根据爪痕我们得知这是我们北方森林里的一种豹子——森林中凶猛的猫——猞猁[①]。

---

[①] 猞猁,属于猫科猛兽,又称林狻,俗称大山猫,体长可达109厘米,尾长可达24厘米,耳朵上有一撮竖毛。比安基写过有关猞猁的中篇小说《摩尔祖克》(笔者曾以《大山猫的故事》为译名翻译发表)。

它的幼猫已经长得有点大了,现在猞猁妈妈就带着它们满林子转悠,爬树。

它在黑夜里和白天一样看得清清楚楚。谁要是在睡觉前不好生躲藏起来,谁就要遭殃了。

## 六只脚的鼹鼠

我报一位驻林地记者从加里宁州发回报道说:

"为了体育锻炼,我挖土时往地里插一根竿子,把一只小动物和土一起抛了出去。它的前趾有爪,背部长着像翅膀似的薄膜,身上覆盖一层黄棕色的细毛,仿佛披着一张稠密的短毛皮。小东西的长度有5厘米,样子像黄蜂和鼹鼠。从它的六只脚我认出这是只昆虫。"

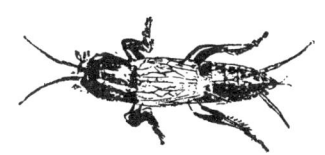

**编辑部的解释**

这只与众不同的昆虫确实像一只小兽。难怪它得了这么个和野兽有关的名称:蝼蛄①。总的说蝼蛄与鼹鼠最相似。它的两个

---

① 在俄语里"蝼蛄"一词与"熊"同源,该词的另一意义是"熊皮"或"熊皮大衣"。汉语的"蝼蛄"一词却与"兽"完全不沾边,这就是两种文化背景的差异,翻译中是无法传达的。

前爪(手掌)很宽,两者都是挖土的能手。还有,小小的蝼蛄两个前爪的构造像剪刀。这正合它的要求,以便在地下行进时剪断植物的根。个头和力气都比它大的鼹鼠干脆把这些根用自己强有力的爪子挖掉或用牙齿啃掉。

蝼蛄的颚部布满了像牙齿似的尖角形薄片。蝼蛄一生中大部分时间在地下度过,像鼹鼠一样在土中挖通道,在那里产卵,再在卵上面像鼹鼠一样堆上小土堆。此外蝼蛄还有大而柔软的翅膀,所以它很善于飞行;这方面鼹鼠可就赶不上它了。

在加里宁州蝼蛄比较少见,在列宁格勒州更少见,但是南方各州却非常多。

如果有人想找到这种与众不同的昆虫,就到潮湿的土壤里去找,尤其在水边、花园和菜园里。捉它的方法可以这样:每到傍晚就在同一地方浇上水,再用细柴火把这地方盖住。夜里蝼蛄就钻进柴火下的垃圾里了。

## 救命的刺猬

玛莎早早地醒了,把连衣裙往身上一套,就和往常一样光着脚跑进了林子。

森林里的小丘上有许多草莓。玛莎利索地采了一小篮,就踩着被露水浸得冰凉的小土堆蹦蹦跳跳地跑回家。但是她突然滑了一跤,痛得大叫一声:她的光脚丫子从小土堆上滑了下来,被尖利扎人的东西戳出了血。

原来土堆下边有一只刺猬。它立马蜷成一团,呼呼地叫起来。

玛莎哭了起来,坐到旁边的一个土墩上,开始用手帕擦脚上的血。刺猬叫过以后不响了。

突然一条灰色大蛇正向着她游来,它的背部有黑色之字形花纹,是条有毒的蝰蛇!玛莎吓得手足无措了。而蝰蛇却向她游来,吐着开叉的芯子咝咝直叫。

这时刺猬猛然舒展身子,迅速小步迎着蛇跑去。蝰蛇用身体的整个前部扑将过去,像鞭子一样抽到它身上。但是刺猬机灵地用它的刺在下面抵挡。蝰蛇可怕地咝咝叫起来,绕了开去,打算逃开它。刺猬追着它扑过去,用牙齿咬住蛇头后方的位置,两只爪子扎到它的背上。

这时玛莎回过神来,一骨碌跳起,逃回家去。

## 蜥 蜴

我在森林里的一个树桩边捉到一条蜥蜴,就把它带回了家。它住在一个宽敞的大罐子里,我往里面放了沙子和小石子。每天我更换罐子里的草根土和水,放入苍蝇、小甲虫、毛毛虫、蚯蚓、

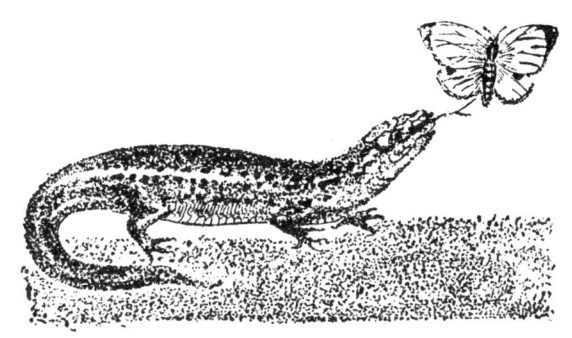

蜗牛。蜥蜴贪婪地把它们吃下去,张开大嘴把它们咬住。它特别爱吃白色的菜蝶。它把小脑袋迅速转向菜蝶这一边,张开嘴巴,伸出自己开叉的芯子,然后像狗一样跳起来去捕捉美食。

有一天早晨,我在沙子里小石子之间发现了十几个椭圆形的白色小蛋,外面包着薄薄的软壳。蜥蜴为这些小蛋选择了一处阳光晒得到的地方。过了一个多月蛋壳破了,从里面爬出灵活的小蜥蜴,样子很像它们的母亲。

现在这小小的一家子爬到小石子上面,懒洋洋地晒着太阳。

*驻林地记者:舍斯季雅科夫*

*摘自少年自然界研究者的日记*

## 毛脚燕的窝

6月25日。每天燕子都在我的眼前操劳着,做着自己的窝,于是窝就一点点地变大。它们一清早就开始工作,到中午息工两三个小时,然后接着修整和营造,直到太阳下山前大约两小时内结束工作。不停地造巢是做不到的,因为黏土需要时间变干燥。

有时有别的毛脚燕飞来它们那儿做客,如果公猫费多谢伊奇不在屋顶上的话,它们还会停在树墩上坐一会,唧唧喳喳地说着话儿。新迁入的房主也不会赶它们走。

现在燕窝已经像一个满圆后开始亏缺的月亮,缺口向着右边。

我非常清楚燕巢这样的形状是怎么形成的,为什么它不是向左右两边均衡发展。这是因为雌燕和雄燕都参与了造巢的工作,但两者花的力气是不一样的。雌燕含泥飞来巢上时总是头向左栖停；它做得非常努力，而且啄泥的次数比雄燕频繁得多。雄燕常常不知飞到哪儿待着不见了影儿，一去就是几个小时，可能和别的燕子在白云下面追逐去了。它停到巢上总是头朝右。它的工作当然赶不上雌燕，所以巢右边的进度总是落后于左边。这就是燕巢的建筑进程发展不均衡的原因。

雄燕竟是那么懒惰的家伙！它怎么不为自己的懒惰感到害臊！它比雌燕力气大。

6月28日。燕子已经不再筑巢，而是把麦秸和羽毛往窝里拖——它们在铺床了。我就是没有想到它们的整个工程盘算得那么利落；原来理应让一边的进度快于另一边！雌燕把巢的左边筑得高到了顶，而雄燕却没有把自己这一边筑到头，于是筑成了右上角开了口的一个不完整的泥球。当然它正需要这个样子：这里是它们的出入口，是门户。否则燕子怎么进自己的屋呢？看来我是无缘无故地责骂了雄燕。

今天是雌燕留在窝里过夜的第一个晚上。

6月30日。巢筑完了。雌燕已经不再出窝，也许它已产下了第一个蛋。雄燕时不时地带些蚊子回来给它吃，还不停地唱着歌——它在祝贺它，心里乐着呢。

又飞来了一个"使团"——整整一群毛脚燕。它们全体在飞行中依次向巢内瞧着，在巢边凌空摆动着身子，说不定还吻了幸福的女房东伸到门外的嘴呢。它们唧唧喳喳地叫呀叫的，叫了一阵就飞走了。

公猫费多谢伊奇偶尔爬上屋顶，往屋檐下窥探。它该不是在等窝里出现小鸟的时刻吧？

7月13日。雌燕几乎不间断地趴在窝里已经有两个星期。它只在中午最热的时候飞出来,因为当时柔弱的燕蛋不会受凉。它在屋顶上空盘旋,捕食苍蝇。接着它飞向水塘。在那里贴近水面飞掠而过,用喙汲水。水喝够了,就又回到窝里。

今天雌燕和雄燕两口子都开始经常从窝里飞进飞出。一次我看见雄燕嘴里含着一片白色蛋壳,而雌燕则含着一只蚊子。这表示窝里已孵出了小鸟。

7月20日。这才可怕呢,这才可怕呢!公猫费多谢伊奇爬上屋顶,身子已经完全从屋脊上悬着了,——它想用爪子去够那个窝。而窝里的小鸟是多么可怜地在叽叽叫着!

不知从哪儿冒出来的,突然飞来了整整一群燕子。它们叫着,飞掠着,几乎要碰到猫的鼻子。哎哟,它差点儿没用爪子逮住一只!哎哟!……它又扑过去抓另一只了!……

好哇!灰色的强盗失算了:它从屋顶滑了下去——嘭!……

它摔倒没有摔死,不过反正够受的:喵呜叫了一声,踮着三只脚走了。

它活该!它再也没有来惊扰燕子。

驻林地记者:维丽卡

## 苍头燕雀的幼雏和它母亲

我们家的院子草木很茂盛。

我在院子里走着,突然脚下飞出一只刚出窝的苍头燕雀的雏鸟,它头上长着一撮尖尖的绒毛。它飞起来,又落下了。

我捉住它带回了家。父亲建议我把它放在敞开的窗口。

不到一个小时,小鸟的父母就开始飞来喂食了。

它就这样在我那儿过了一整天。

夜里我关了窗户,把小鸟关进了笼子。

早晨5点左右我就醒了,看见窗户的装饰框上停着小苍头燕雀的母亲,嘴里含着一只苍蝇。我跳下床打开了窗,开始从房间深处观察。

不久小鸟的母亲又出现了。它停在窗口。小鸟叽叽叫起来,——要求吃食。这时雌苍头燕雀毅然飞进房间,跳到鸟笼跟前,开始隔着笼栅给小鸟喂食。

接着它飞去寻找新的一份食料了。我把小鸟从笼子里取出来,带到了院子里。

当我想再看看小苍头燕雀时,它已经不在原地:母亲把自己的小鸟带走了。

沃洛佳·贝科夫

# 绿色朋友

我们的森林曾经让人觉得是无穷无尽,无边无际的。

但是在古代我们那毫无打算的主人——地主对森林却毫不珍惜,不知体恤。他们无度地采伐森林,无度地耗尽了地力。

而在消灭了森林的地方,出现了沙化的土地和沟沟壑壑。

田野四周没有了森林,远方沙漠的风——燥热风横扫着田野。燥热的沙砾撒落在耕地上,于是庄稼遭受灭顶之灾,却无人来护卫它。

河流、水塘和湖泊的岸边失去了森林,于是水体开始干涸,沟壑就在田地上漫延。

然而这时人民赶走了不称职的主人——地主,自己开始管理这份巨大的家业。他们向干旱、燥热风、流沙和沟壑宣了战。

他们的主要助手就是绿色朋友——森林。

我们把它派到那些地方,那里应当保护我们毫无遮蔽的河流、水塘、湖泊免受炽热阳光的侵害。于是强大的森林挺起了自己勇士般的身躯,用自己头发蓬松的头颅替它们遮挡阳光。

在需要把广袤的田地从凶恶的燥热风的侵袭下解救出来的地方,在来自远方沙漠的灼热沙尘撒落到耕地上的地方,人们培育起了森林。于是勇士般的森林迎着恶风挺胸而立,仿佛一道密不可透的长城保护田野免受恶风的侵害。

在变疏松的土地正在流失的地方,在沟壑和干涸的河床急剧增长,贪婪地吞噬我们耕地边缘的地方,我们种植了森林。绿色朋友——森林,把自己强壮的根须牢牢地扎进土里,将它固定,阻止了沟壑爬行的进程,不让它们吞噬我们的耕地。

向干旱的进攻正在进行。

## 恢复森林

在季赫温区,所有采伐地,都在人工造林。这里在面积达250公顷的土地上种植了松树、云杉和西伯利亚落叶松。在采伐地有230公顷土地已耙过,以便让从留种树上落下的种子坠入耙过的土壤,能较快生长。

10公顷土地上播下了西伯利亚落叶松的种子。年轻的树木长出了很好的嫩芽。这个品种的繁殖使列宁格勒州森林的珍贵建筑用材更为丰富。

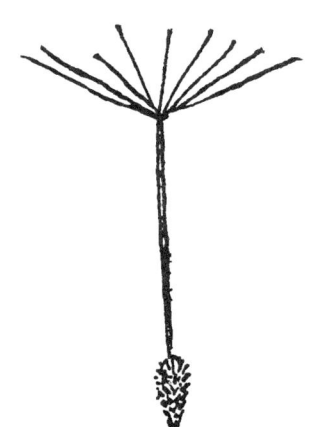

树木的苗圃已经建立,那里正在培育建筑用材的针叶和落叶的树木品种。

计划繁殖果树和含胶的灌木瘤枝卫矛。

塔斯社列宁格勒讯

# 农事纪程

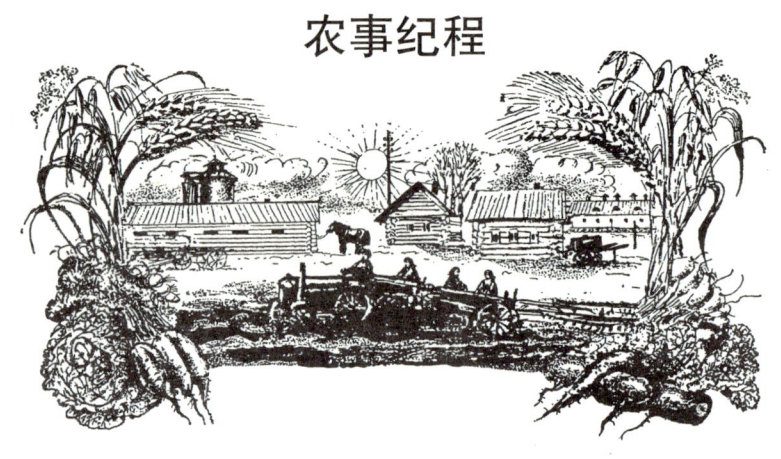

黑麦长得高过了人头,已经在开花。田野里的公鸡——山鹑伴着雌鸟,带着小小的雏鸟在黑麦地里走来走去。那些雏鸟,像一个个黄色的小球在滚动:它们已从壳里孵出,离开了窝。

正是割草的时节。农庄庄员们有的在手工割草,有的把割草机开到了地里。机器在草地上前进,挥舞着空空的叶片,它的身后留下了高高的一排排多汁而芬芳的鲜草,码得平平整整,仿佛用直尺画过似的。

菜园里一垄垄地上堆着绿色的洋葱,——孩子们正在搬运。

小姑娘们和小男孩们正在来来回回采浆果。森林里这个月快开始时,在阳光照到的小丘上,甜美的草莓已经成熟。现在是浆果最多的时候,在林子里,黑果越橘还有水越橘正在成熟,而在多苔藓的林间沼泽地上,饱含果核的云莓由白色变成了绿色,又由绿色变成了金黄。随意采摘吧,——不论哪一种浆果!

但愿孩子们多采些,到了家里要忙活的事太多了:担水,给整个园子浇水,给一垄垄菜地锄草。

## 既不打野禽也不打野兽

夏季既不打野禽,也不打野兽。甚至不是打猎,倒不如说进行一场战争。夏季人类有许多敌害。比如说您开辟了一个菜园,种下了蔬菜。您还给它浇水。可是您会保护蔬菜免遭敌害吗?

在杆子上放了不多几个稻草人。稻草人有助于赶走麻雀和别的鸟儿,就是这也不是很管用。

菜园子里还有那样一些敌害,它们不用说稻草人,就是手持猎枪的人也不怕。它们你用木棍打不死,用猎枪也打不着。

对它们只能用计谋,对付它们需要常备不懈的敏锐眼睛。它们本身个头不大,要用别的方法才能取胜。

## 跳来跳去的敌害

蔬菜上出现了一种背部有两道白色花纹的小甲虫。它们像跳蚤一样在菜叶上跳来跳去。

敲起警钟吧:菜园落入险境了。

可怕的敌害——巨大的跳甲虫,它们能够在两三天内毁灭几公顷的菜地。它们在尚未长大的嫩叶上咬出一个个小洞,使叶子变得像筛子一样,于是菜园完了!对萝卜、芜菁、冬油菜和大白菜来说,跳甲虫特别可怕。

## 征伐跳甲虫

对跳甲虫的战争是这样进行的。人们手持张着小旗子的杆子作武器。小旗的两面密密地涂上了胶水,只在下部边缘留出大约七厘米宽的空白。

他们带上这样的武器就向菜园进发,在一垄垄菜地间来回走动,把小旗在蔬菜上方来回扫荡,使未涂胶的下缘碰到跳甲虫。

跳甲虫向上跳跃,就黏在了胶水上。但这时还不能认为自己取得了胜利。新的一批害虫可能再度向菜园进攻。

应当在清晨趁青草还沾着露水就起床,通过细孔的筛子给蔬菜撒上草木灰、烟灰或熟石灰。在农庄大面积的土地上,这不是通过手工操作的,而是飞机播撒的。

这对蔬菜没有损害,而跳甲虫却被从菜园里驱除了。

## 飞来飞去的敌害

比跳甲虫更可怕的是蛾子。它们神不知鬼不觉地在菜叶上产卵。从卵里孵化出毛毛虫,就啃食菜叶和菜茎。最危险的蛾子是:白昼活动的,有菜粉蝶(吃菜叶,长着有黑色斑点的白翅膀)和芜菁粉蝶(和前者一样,只是体型较小);夜间活动的,有菜螟蛾(体小,翅膀下垂,前部赭黄色)、菜夜蛾(有茸毛,灰褐色)和菜蛾(细小的浅灰色蛾子,样子像衣蛾)。

和它们只能打白刃战:把卵搜集起来直接用手揿死。

还有一个办法:在蔬菜上撒粉,就像对付跳甲虫那样。还有一种敌害更可怕,它们直接攻击人类。

这些敌人就是蚊子。

在死水里游动着有毛的小蠕虫和眼睛勉强能觉察的蛹,蛹的头部大得不成比例,有小小的角状物。

这是蚊子的幼虫孑孓和蛹。这儿的沼泽里就有它们的卵:有一些黏在小船上漂流,另一些附着在沼泽地的草上。

## 蚊子和蚊子的区别

蚊子和蚊子不一样。一种叮过以后只觉得痒,然后起一个疙瘩。这是普通蚊子,不危险。而另一种叮过后你会打摆子,感染科学家所说的疟疾。得了这种病一会儿感到热,一会儿感到冷,又发抖、又发冷。病情减轻一两天后又来一遍。

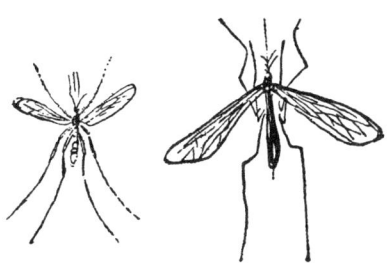

这种蚊子叫疟蚊。它的样子画在右边。

从样子来看两者彼此相似,但是雌疟蚊的吻(刺)两旁有触须。吻上面沾有有毒微生物。蚊子叮人时这些微生物就进入人的血液,然后就破坏它。

因此人会得病。

科学家在仔细观察了高倍显微镜下的蚊子血液后知道了这一切。用肉眼是什么也看不见的。

## 叫蚊子去死

用手是打不完所有蚊子的。

科学家趁它们的幼虫孑孓还在水里时和它作斗争。

你去拿个玻璃瓶装上沼泽里有孑孓的水。往瓶子里滴几滴煤油。你看看发生了什么。煤油在水面上散播开来,就跟油一样。孑孓开始像蛇一样搅动身体。大头蛹一会儿沉到水底,一会儿又急速上升。

孑孓用小尾巴,蛹用角状物开始打通煤油的油膜。煤油包裹了孑孓的呼吸孔,于是它们都闷死了。还有许多别的办法也可和蚊子作斗争。

在沼泽地区人们没有不受蚊子侵扰的住所,他们就在死水里倒上煤油。

为了消灭疟蚊的后代,一个月在水上倒一次煤油就够了。

# 狩猎纪事

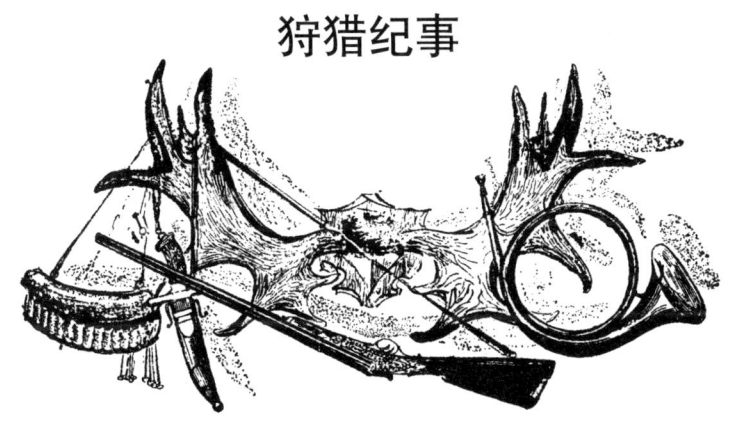

## 难得遇见的一件事

一件不常见的事让我们碰上了。

牧人助手从牧场跑来,喊道:

"一头没下过崽的母牛被野兽咬死了!"

农庄庄员们一片惊呼,挤奶的妇女们大哭起来。

这是我们最好的一头奶牛,在展览会上得过奖章。

大家都丢下手头的工作,跑向牧场去看个究竟。

在草场——我们那儿这样称呼放牧牲口的牧场——远处的一个角落里,森林边上,躺着被咬死的奶牛。它的乳房已被吃掉,后颈被撕碎,其余部分都完好无损。

"是熊,"猎人谢尔盖说,"它经常这样,咬死后又丢下了。然后等肉腐烂发臭了,又来吃它。"

"就是这么回事,"猎人安德烈表示赞同,"现在没什么可猎测的了。"

"大伙儿都散了吧,"谢尔盖说,"我们会在这儿树上搭一个观测台。不是现在,而是明天夜里,说不定熊会来这儿。"

这时他们俩才想到了我们的第三位猎人塞索伊·塞索伊奇。他个子小,在人群中不显眼。

"和我们一起坐下来看守好吗?"谢尔盖和安德烈问。

塞索伊·塞索伊奇没搭腔。他走到一边,仔细打量着地上。

"不对,"他说道,"熊不来这儿。"

谢尔盖和安德烈耸了耸肩。

"随你怎么想吧。"

庄员们四下散去,塞索伊·塞索伊奇也走了。

谢尔盖和安德烈砍下树条,在就近的松树上搭观测台。

他们一看,塞索伊·塞索伊奇带着猎枪和佐尔卡(他自己的猎犬)回来了。

他又仔细察看了母牛四周的地面,不知为什么还仔细地看了附近的树木。

接着他就向森林中走去。

当天夜里,谢尔盖和安德烈坐在观测台设伏。

他们坐了一夜,没见野兽出现。

又坐了一夜,还是没有。

坐过了第三夜,仍然没有。

猎人们失去了耐心。他们彼此说道:

"看来塞索伊·塞索伊奇侦察到了我们没看出来的什么东西。明摆着的事:熊没来。"

"那咱们问问他去?"

"问熊的事吗?"

"干吗问熊?问塞索伊奇。"

"另外无处可去了。只能去他那儿了。"

他们来到塞索伊·塞索伊奇家,而他刚从森林里回来。

他把一只大袋子卸到角落里,顾自清理着猎枪。

"是这么回事,"谢尔盖和安德烈说道,"你说得没错:熊没来。这中间的原因是什么,你倒开恩说说看。"

"你们什么时候听说过,"塞索伊·塞索伊奇问他们,"熊会吃被咬死母牛的乳房,而宁可把肉丢下的?"

两个猎人彼此交换了一下眼色:熊没做过这样的淘气事儿。

"那么地上的脚印你们看了吗?"塞索伊·塞索伊奇接着问。

"是啊,看啦。脚印的间距很宽,有四分之一俄丈①。"

"那么,爪印大不大?"

---

① 1俄丈等于2.134米。

两个猎人尴尬极了。

"脚印上没发现爪痕。"

"问题就在这儿。熊的脚印上你首先看到的是爪痕。现在你们说说：什么野兽走路时把爪收起来的？"

"狼！"谢尔盖胡乱答道。

塞索伊·塞索伊奇嘿了一声。

"真不愧为善辨脚印的人！"

"得了吧，你，"安德烈说，"狼的脚印和狗的一样，只是要大些，而且比较窄。倒是猫——它确实把爪收起来走路的，它的脚印是圆的。"

"这就对了，"塞索伊·塞索伊奇说，"是猫把母牛咬死了。"

"你在笑我吧？"

"你们不相信，看看袋子里是什么。"

谢尔盖和安德烈冲过去看袋子，解开一看，是一张有棕红色花斑的大猞猁皮。

这才弄明白了，究竟是什么野兽把我们的奶牛咬死的。至于塞索伊·塞索伊奇在森林里怎么遇到猞猁，又怎么把它打死的，这只有他和他的猎狗佐尔卡知道了。他们知道，却三缄其口，对谁也不说。

猞猁攻击奶牛的事一般很少见。可这事现在在我们这儿却发生了。

# 天南海北

## 无线电通报

请注意！请注意！

列宁格勒广播电台,这里是《森林报》编辑部。

今天,6月22日,夏至,是一年中白昼最长的一天。我们设置了来自我国各地的无线电通报栏目。

我们呼叫冻土带和沙漠地区,原始森林和草原地区,海洋和高山地区。

请告诉我们,现在——正当盛夏时节,在一年中白昼最长、黑夜最短的日子里,你们那里正发生着什么?

请收听！请收听！

## 北冰洋岛屿广播电台

你们说的是什么样的黑夜？我们忘记了什么叫黑夜,什么叫黑暗。

我们这儿现在是最长的白昼:它长达整整一昼夜。太阳在天空有时升起,有时降落,但是不在海上消失。如此情景已延续了几乎三个月。

天空没有变暗的时候,我们这儿的野草正以童话般的速度,不是按日计算,而是按时计算,从地里钻出来,长出叶子,开放鲜花。沼泽地里长满了苔藓。连光秃秃的岩石也盖满了各种颜色的植物。

冻土带复活了。

当然,我们这儿没有美丽的蝴蝶和蜻蜓,没有机灵活泼的蜥蜴,没有青蛙和蛇。也没有那些在冬季钻进地里,在洞穴中沉睡一冬的大小野兽。永久的冻土封住了我们的大地,即使在仲夏时节也只有表面解冻。

像乌云一样的蚊阵在冻土带上空嗡嗡鸣叫,但是我们这儿没有对付这些吸血鬼的歼击机——敏捷的蝙蝠。它们即使飞来这里度夏,可怎么在这里生活呢！它们只有在傍晚和黑夜才捕食蚊子,可这时候我们整个夏季既没有黑暗也没有黄昏。

我们这儿的岛屿上有不多的几种野兽。只有兔尾鼠——身

体和老鼠一般大小的短尾巴啮齿动物、雪兔、北极狐和驯鹿。偶尔有硕大的白熊从海里游到我们这儿,在冻土上转悠一阵,寻找自己的猎物。

然而鸟儿,鸟儿在我们这儿却多得数不清!尽管所有背阴的地方都还积着雪,它们却已经以巨大的数量飞来我们这里。这里有角百灵、鹨、鹡鸰、雪鹀——所有会唱歌的鸟儿伙伴都在了。更多的是海鸥、潜水鸟、鹬、野鸭、大雁、暴风鹱、海鸠、嘴形可笑的花魁鸟和其他奇里古怪的鸟,这些鸟也许你们连听也没有听说过。

一片叫声、喧闹声、歌声。整个冻土带,甚至上面光秃的山崖都被鸟巢占满了。有的岩壁上成千上万的鸟巢排列在一起,岩石上所有最小的凹陷都被占据了,即使那里只能产下一个鸟蛋。喧闹声使人觉得这儿简直像个鸟类集市!如果有凶猛的杀手胆敢靠近这样的地方,鸟儿就会像乌云一样扑到它身上,叫声会震聋它的耳朵,鸟喙会将它啄死,——它们不会让自己的孩子受委屈。

这就是我们冻土带上目前的欢乐景象。

你们可能会问:"既然你们那儿没有黑夜,那么你们的鸟儿和野兽什么时候休息和睡觉呢?"

是啊,它们几乎不睡觉,因为顾不上。它们打一小会盹儿,就又开始工作了:有的给自己孩子喂食,有的筑巢,有的孵蛋。大家都有太多的事儿要操心,大家都匆匆忙忙,因为我们这儿夏天非常短暂。

至于睡觉,到冬天来得及把一年的觉都补回来。

## 中亚沙漠广播电台

我们这儿正好相反,大家都在酣睡。

我们这儿酷烈的太阳把绿色植物都晒干了,我们记不得最后一场雨是什么时候下的。更令人惊讶的是并非所有植物都已被晒死。

　　刺骆驼草本身的高度不到半米,但它有一个怪招:把自己的根扎到灼热的地下五六米深的地方,吸收地下的水分。还有一些灌木和草类不长叶子,而长绿色的细丝。这样它们就可以在呼吸时减少水分的散发。梭梭树是我们沙漠上不高的树木,它的树丛根本没有叶子,只有细细的枝条。

　　当风一刮起来,沙漠上空就升起滚滚沙尘,犹如干燥的乌云一般,遮天蔽日。这时会突然传来令人心惊肉跳的喧哗声和哨音:仿佛有成千上万条蛇咝咝地发出了叫声。

　　不过这并非蛇叫,这是梭梭树的细枝在狂风中振动空气发出的咝咝声和哨音。

　　其实蛇此时正在酣睡。红沙蛇也深深地钻到沙下,睡得正香。它是黄鼠和跳鼠的屠伯。

　　这些小兽也在沉睡。细脚黄鼠为了躲避阳光,用泥塞儿堵住自己的洞口,整个白天都在睡觉。它只在清晨出洞觅食。为了找到没有被晒干的小植物,现在它得跑多少路呵!黄色的黄鼠索性钻到地下去睡一个很长很长的觉:睡上一夏、一秋、一冬,直至来年开春。它一年中只有三个月在东游西荡,其余时间就是睡觉。

　　蜘蛛、蝎子、多足纲昆虫、蚂蚁都躲避炎炎赤日去了:有的躲到了岩石下,有的躲到了背阴处的泥土里,只在黑夜里出来。无论动作敏捷的蜥蜴,还是行动迟缓的乌龟,你都见不到。

　　野兽们都迁徙到了沙漠的边缘,因为那里接近水源。鸟类早已把幼雏养大,所以带着它们飞走了。迟迟未动身的只剩下飞得很快的沙鸡了。它们要跋涉几百公里到最近的小河边,自己在这里饮饱喝足,还要把嗉囊灌满水,再飞速回到自己窝里给小鸟饮

水。这样的奔波对它们来说不在话下。但是一旦它们的小鸟学会了飞行,沙鸡也离开了这可怕的地方。

唯一对沙漠无所畏惧的就是我们苏维埃人。他们有强有力的技术做武装,在条件可行的地方,开挖灌溉渠,从遥远的山区引来水源,叫没有生命的沙漠变成绿色的草场和田地,在这里培育出花园和葡萄园。

凡是没有人的地方,人类的头号敌人风就当家做主。它掀起一道道新月形沙丘,驱赶它们向人的居住地步步进逼,掩埋一座座房屋。唯一对它无所畏惧的仍然是我们人:他跟水和植物联手,坚定地给风设置了边界。在人工灌溉的地方耸立起树木的屏障,草把无数根须扎进了沙中,于是沙丘寸步难行。

在夏季沙漠完全不像冻土带。虽有阳光,但所有活物都在睡觉。夜是黑沉沉,黑沉沉的,也只有在黑夜里才会有胆怯的生命出没,它们被无情的太阳折磨得奄奄一息了。

## 请收听！请收听！

## 乌苏里原始森林广播电台

我们这儿有非常好的森林：它既不同于西伯利亚的原始森林，也不同于某些热带丛林：这里有松树，也有落叶松，还有云杉。这里还有缠绕着有刺的藤蔓和野葡萄藤的阔叶树。

我们这儿的野兽有：驯鹿和印度羚羊，普通棕熊和黑熊，还有兔子、猞猁和豹子，还有老虎、红狼和灰狼。

鸟类有：文静温和的灰色榛鸡和美丽多彩的雉鸡，我们的灰色和白色中国鹅，嘎嘎叫的普通鸭和栖息在树上、五颜六色、美丽绝伦的鸳鸯，还有白头大喙的白鹮。

在原始森林里白天闷热，昏暗，阳光无法穿透由茂盛的树冠构成的稠密绿色幕帐。

我们这里夜晚黑漆漆的，白昼也黑漆漆的。

所有的鸟类现在都在孵蛋或哺育幼鸟，所有野兽的幼崽已长大，正在学习觅食。

## 库班草原广播电台

机器和马拉收割机摆开宽广的队形在我们一望无边的平坦田野上行进——获得了大丰收。列车已从我们这儿把我们白亚尔产的小麦运往莫斯科、列宁格勒。

雕、鸢、鸳和隼在收割一空的田野上空翱翔。

现在正是时候，它们开始自由地惩治窃取丰收果实的盗贼——老鼠和田鼠，黄鼠和仓鼠；现在从很远的地方就能看清它们从哪里钻出洞来。想想都害怕，当庄稼还直立在根部的时候，这些可恶的有害小兽已经吃掉了多少麦穗！

现在它们正在收拾掉落在地的谷粒，用它充实自己的地下仓库，做越冬的储备。野兽也不亚于凶猛的鸟类：狐狸正在割过庄稼的田头捕鼠，对我们最为有益的草原白鼬正无情地消灭所有啮齿动物。

## 阿尔泰山广播电台

幽深的谷地里闷热而潮湿。在夏季炎热的阳光下，早晨的露水蒸发得很快。傍晚草甸上弥漫着浓雾。水蒸气向上升腾，给山崖带来湿气，冷却下来并凝成缭绕山巅的白云。你抬眼望去，黎明前高山上空是团团乌云。

可是到了白昼，太阳在高高的天空把水蒸气又变成了水滴，于是大雨从乌云里倾盆而下。

山顶的积雪正在徐徐融化。只有在常白的雪山上，在最高的峰峦上，继续保留着终年不化的积雪和寒冰，那是一整块冰雪的原野——冰川。那里，在极高的高处，气候非常寒冷，即使中午的阳光也不会使冰雪消融。

然而在它们下方，由雨水和消融的积雪而来的一道道水流却在飞奔直泻，汇成一条条溪流，沿山坡滚滚而下，从山崖上落下飞溅的瀑布，向山下直冲，流入大河。这就是一年中河流由于大量来水而第二次猛涨，河水溢出两岸，在谷地泛滥。

我们山区什么都有：下面的山坡上是原始森林，往上一点是肥沃的高山草甸——仿佛是一种草原，再往上就只有苔藓和地衣了，就如在最遥远的寒冷的冻土带那样。至于最高处，就是冰雪世界了,那里是长年的寒冬,就跟北极一样。

那里,在这极高的高处,既没有野兽,也没有鸟类生活。只有雕和秃鹫会飞到那里,它们在云端俯视,凭借敏锐的视力可以发现猎物。但是在下面,仿佛在一幢多层的房屋之中,现在却有许多各式各样的居住者安营扎寨,每一种都占据着自己的层面,自己的高度。

野公山羊比谁都爬得高,一直登上光秃的山崖。比这儿低一点的地方住着它们的母羊和小羊羔,还有像火鸡大小的大山鹑——雪鸡。

在青草鲜美多汁的高山牧场,放牧着一群群盘羊——直角的高山绵羊。随它们而来的便是雪豹。这里住着整群整群身肥体壮的旱獭——草原旱獭和许多鸣禽。再往下,在原始林里,住着沙鸡、松鸡、鹿、熊……

以前只在谷地里播种粮食,现在我们在越来越高的山区耕种田地。那里已不用马耕地,而用牦牛——一种长着长毛的高山牛。我们投入了大量劳动,以便从我们的土地获取更好的收成。我们确实获得了!

请收听!请收听!

## 海洋广播电台

三个无边无际的大洋冲刷着我们伟大祖国的海岸:西面是大西洋,北面是北冰洋,东面是太平洋。

我们乘轮船从列宁格勒出发,经芬兰湾和波罗的海,就到了大西洋。在这里我们经常和外国船只相遇,有英国的、丹麦的、瑞典的、挪威的,有商船也有客轮、渔船。他们在这里捕捉鲱鱼和鳕鱼。

出了大西洋我们就来到北冰洋。我们沿欧洲和整个亚洲部分的海岸走上了伟大的北方航线。这是我们的大洋和我们的航线,它是由我们俄罗斯勇敢的海员们开辟的。以前认为这里是不可通行的,到处是坚冰,充满了死亡的危险。现在我们的船长们带领一支支船队,由强大的破冰船引路,在这条航线上行驶。

在这些无人居住的地方我们看到了许多奇迹。从右面漂来墨西哥湾暖流。我们在这里遇见移动的冰山,在阳光下耀眼得叫人难以忍受。我们在此地从水中捕捞出海星、鲨鱼。

接着这股暖流折向了北方——向着北极,于是开始遇到在水面上静静移动、开裂又重新合拢的巨大冰原。我们的飞机进行着侦察,向船只通报何处可以在冰隙间通行。

在北冰洋的岛屿上我们见到了成千上万正在换毛的鸿雁,处于彻底无助的境地。它们翅膀上的大羽毛开始脱落,所以它们

不能飞行。人们直接驱赶它们走进用网围起的栅栏里。我们见到了长着獠牙的海象,它们正爬上浮冰休息;还见到各种奇异的海豹:大海兔、冠海豹,后者会突然在头上鼓起一个皮袋子,仿佛戴上了一顶头盔!我们见到满口利牙的可怕虎鲸,它们猎食鲸鱼和它的幼崽。

不过关于鲸鱼我们还是下次再谈,——当我们进入太平洋的时候,因为那里它们数量很多。再见!

--------------

来自祖国各地的夏季无线电通报到此结束。我们的下次广播在 9 月 22 日。

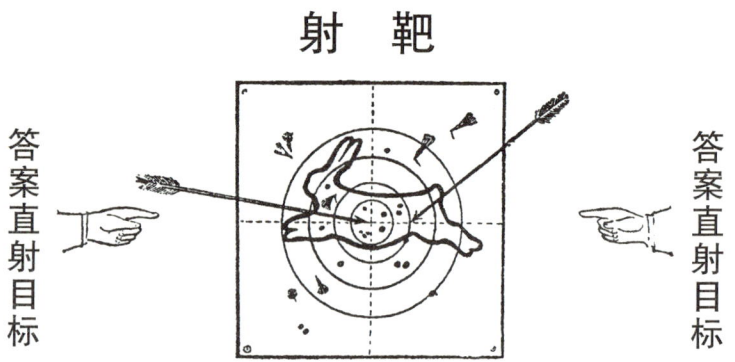

## 竞赛四

1. 夏季从几月几日(按日历)开始,这一天有什么特点?
2. 什么鱼编织自己的窝?
3. 什么小兽在草丛和灌木丛里编织自己的窝?
4. 什么鸟不结巢,而在土坑和沙里哺育小鸟?
5. 这些鸟的蛋是什么颜色?
6. 蝌蚪先长出哪两条腿,前腿还是后腿?
7. 普通刺鱼的刺在身体上怎么分布,有多少刺?
8. 城市燕子(毛脚燕,尾短)的窝和乡村燕子(家燕,尾巴开叉)的窝在形状上有什么区别?
9. 为什么不能用手去碰鸟巢里的蛋?
10. 雄萤火虫有翅膀吗?夜里在林子里用玻璃杯罩住一个发光的雌萤火虫。它的光能吸引雄萤火虫来到玻璃杯上。
11. 什么鸟在窝里用鱼骨做垫子?
12. 为什么苍头燕雀、红额金翅雀、柳莺的窝在枝头上那么少见?

13. 是否所有的鸟在夏季只孵一次小鸟?

14. 我们这儿有没有食肉植物?

15. 什么动物在水下用空气做窝?

16. 孩子还没有出生,却已经送它去受教育了,这是什么动物?

17. 雌鹰飞行不怕路长,张开了两个翅膀,前面遇见了太阳。(谜语)

18. 森林倒了,高山起来了。(谜语)

19. 我们的肚子在小树梢上晃荡。(谜语)

20. 赤身裸体,扑通一声,落到水里。(谜语)

## 公 告

测试三

"火眼金睛"称号竞赛

### *谁住在这里*

图1　图2

花园里有两个树洞,两个洞里都有小鸟的叫声。经过仔细观察,如何辨认哪个洞里住什么鸟?

图3

地底下住着眼睛见不到的什么动物?

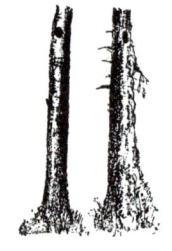

图4

这些洞穴里住着什么动物?

图5

这个用苔藓做的小屋是谁的?

图 6　　　　　　　　　　图 7

两个洞穴相似,是同一洞主所挖。可现在洞里分别住着两种不同动物,它们是什么?

---

### 请爱护朋友!

我们这儿经常有小孩子捣毁鸟巢的事,他们这样做根本没有任何理由,纯粹是调皮捣蛋。他们这样做时没有想到这会给祖国带来多少损害。科学家们测算过,每一只鸟,即使最小的,在一个夏季给我们的农业和林业能带来价值 25 卢布的益处。要知道每一个鸟巢里就有着 4 个至 24 个鸟蛋或幼鸟。你自己计算一下,毁坏一个鸟巢给国家造成多大损失。

---

---

### 孩子们!

组织起保护鸟巢的小队,不让任何人破坏它。别放猫咪进入灌木丛和树林,把它们从那里赶走,因为猫咪要捉鸟并毁坏鸟巢。你们要告诉所有人,为什么要爱护鸟类,它们多么出色地护卫了我们的森林、田地和花园,它们如何拯救我们丰收在望的庄稼免受无数难以捕捉的可怕敌害——昆虫的侵害。

# 森林报

## No.5

7月21日至8月20日

### 育雏月
（夏二月）

太阳进入狮子星座

### 第五期目录

**森林里的小宝宝**
　　谁有几个小宝宝 / 失去照看的宝宝 / 操心的父母 / 田鹬和鹡鸰出什么样的幼雏 / 科特林岛上的聚居地 / 反其道而行之

**林间纪事**
　　可怕的小鸟 / 小熊崽洗澡 / 浆果 / 猫咪喂养大的动物 / 小小转头鸟的诡计 / 一场骗局 / 可怕的花朵 / 水下的打斗 / 不是风,不是鸟,而是水 / 潜鸭 / 别具一格的果实 / 小凤头䴙䴘 / 夏末的铃兰 / 蓝的和绿的

**农事纪程**

**鸟岛**

**狩猎纪事**
　　黑夜里所受的惊吓 / 光天化日下的劫掠 / 谁是敌,谁是友 / 对猛禽的捕猎 / 夏季开猎

**射靶**

**公告**

# 森林里的小宝宝

## 谁有几个小宝宝

在罗蒙诺索夫市城外的大森林里住着一头年轻的母驼鹿。今年它生下了一头小驼鹿。

白尾雕的窝也在那个森林里。窝里有 2 只幼雕。

黄雀、苍头燕雀、黄鹂各有 5 只幼鸟。

蚁䴕有 8 个小宝宝。

长尾山雀有 12 个小宝宝。

灰山鹑有 20 个小宝宝。

刺鱼窝里每一个卵产一条小刺鱼,一共有 100 条小刺鱼。

欧鳊鱼有几十万个小宝宝。

大西洋鳕鱼产的卵数也数不清,也许有 100 万颗。

## 失去照看的宝宝

欧鳊和大西洋鳕鱼对自己的孩子根本不关心。众所周知,它们就放任那些孩子自己孵化、生活和觅食。是呀,有啥办法呢,如果你有几十万个孩子? 你不可能把它们都照看到。

一只青蛙一共有 1000 个孩子,即使这样它也不想它们。

当然失去照看的宝宝日子过得不轻松。水下有许多贪吃的怪物,它们都喜欢吃可口的鱼子和青蛙子,幼鱼和幼蛙。在没有成长为大鱼和大蛙前,究竟有多少幼鱼、蝌蚪送命,有多少危险在威胁着它们,——想起来简直感到害怕!

## 操心的父母

不过母驼鹿和所有母鸟,称得上是会操心的母亲。

母驼鹿为了自己的独生子小宝宝愿意献出生命。要是熊胆敢亲自向它攻击,它马上前后开弓,四条腿又蹬又踢,将它一顿狠揍,使得米什卡①下次再也不敢靠近小驼鹿。

我们的记者有一次在田野里碰见一只公小山鹑:就在他们脚边它蹿了出来,飞也似的跑进草丛藏了起来。

---

① 米什卡,俄国人名米哈伊尔的简称米沙的贱称、昵称和爱称。在俄国,人们常用米什卡或米沙作为对熊的谑称。

他们捉住了它,它就拼命叽叽叫!不知从哪儿突然冒出了母山鹑。它看见儿子在人的手上,就急得团团转,咯咯叫了起来,匍匐到地上,拖着一只翅膀。

记者以为它负伤了,就把小山鹑丢了,赶过去看它。

母山鹑在地上一拐一拐地走着,眼看着能把它一手抓住了,但是只要你一伸手,它就蹿到了一边。他们就这样一直追着母山鹑,突然它扑棱起两个翅膀,从地面上飞了起来,若无其事地飞走了。

我们的记者回过来找小山鹑,可它连影子也没有了。这是做母亲的为了救儿子,故意装受伤,把注意力从它身上引开。它对每个自己的小宝宝都这样呵护,可它一共才不过 20 个孩子呵。

## 田鹬和鸳孵出什么样的幼雏

这是刚破壳而出的幼鸳的画像。它的喙上有一个白色小疙瘩。这是"卵齿"。当它到了破壳而出的时候,它就用这疙瘩打碎外壳。

现在它是挺好玩的小娃娃,全身披着绒毛,眼睛半瞎。

它是那么孤立无援,那么柔弱:没有爸爸和妈妈一步也走不了。如果它们不给它喂食,它就会饿死。

不过鸟类中也有好斗的孩子,刚从蛋壳里出来就站住了,而且请看:它们连食物也自己找了,也不怕水,自己会躲避敌害。

这就是两只小田鹬。它们出壳刚一天,已经离开了自己的窝,自己在找蚯蚓吃了。

因此田鹬的蛋有那么大,使得小田鹬在里面能成长。(参考第四期《森林报》)

我们刚才说到的山鹬的儿子,也很好斗。它一生下来就已经健步如飞了。

还有一种野鸭——秋沙鸭的孩子也是这样。

它刚出世就马上摇摇摆摆向河边走去,扑通一声跳进水里,游起泳来。它已经会扎猛子,把身子稍稍站立在水面上伸懒腰,完全跟成年鸭一个样。

旋木雀的女儿是不可救药的娇小姐。在窝里待了整整两个星期,现在飞出来了,停在木桩上。

你看它绷着脸的样子:心里不乐意呢,因为好久了,妈妈还没有飞回来喂食。

它出世已经快三个星期了,还老是叽叽叫个不停,要妈妈把毛虫和其他美味往它嘴里塞。

## 科特林岛上的聚居地

在喀琅施塔得①所在的科特林岛的浅滩上,林区里住着小海鸥。

每到夜里它们就在小沙坑里睡觉,每个坑里睡三只。整个浅滩布满了小沙坑,这就是海鸥极大的聚居地。

白天它们学习飞行、游泳和在哥哥姐姐带领下捕捉小鱼。

老海鸥教自己的孩子,机警地护卫着它们。

当敌害靠近时,它们就群起飞上天,发出巨大的叫声和喧哗声向它冲去,谁见到这副架势都会害怕。

甚至身高体大的海上白尾雕也得赶紧退避三舍。

## 反其道而行之

我们收到辽阔的祖国各地的来信,写到遇见一种很精彩的鸟的事。这个月人们见到它的地方既有莫斯科郊外和阿尔泰山区,也有卡马河畔和波罗的海,还有雅库特和哈萨克斯坦。这种鸟非常温和漂亮,好像城里出售给年轻钓鱼人的鲜亮浮子。而且

---

① 喀琅施塔得,1723年前称喀琅施洛特,位于今彼得堡以西29公里处的芬兰湾,系彼得一世建于1703年的军事要塞。18世纪20年代起为波罗的海舰队基地。

它对你那么信任,即使你离它只有五步远,它仍然会游到你跟前最近的岸边,一点儿也不害怕。

其余鸟类现在都在自己窝里待着或孵小鸟,而这些鸟却成群结队聚在一起,在全国各地旅行。

奇怪的是这些色彩鲜明的美丽小鸟都是雌鸟。其他所有鸟类都是雄的比雌的光鲜漂亮,可这些鸟恰恰相反:雄的灰不溜丢,雌的五光十色。

更叫人奇怪的是这些雌鸟一点儿也不关心自己的孩子。在遥远的北方,在冻土带,它们在坑里产下鸟蛋就——再见了!而雄鸟却留在那里孵蛋,哺育和护卫小鸟。

一切都反其道而行之!

这种鸟叫鹬——圆喙瓣蹼鹬。

到处可以碰见它:今天在这里,明天在那里。

# 林间纪事

## 可怕的小鸟

瘦小温和的鹩鸽在窝里孵出了六只光身子的小鸟。五只是像模像样的小鸟,第六只却是只丑八怪:整个身子显得有点五大三粗,青筋嶙嶙,脑袋大大的,蒙着一层膜的眼睛鼓鼓的,等它张嘴的时候,你见着会吓得往后退,因为那里张开的大嘴整个儿就是个无底洞。

第一天它在窝里安安静静地躺着。只是当鹩鸽父母带着食物飞近时,它才吃力地仰起沉甸甸的大脑袋,有气无力地叽叽叫着,同时张开了嘴巴,——喂我吧!

第二天在清晨的寒气中,当父母亲出去觅食时,它开始行动了。它低下头,抵住窝里的地面,大大地分开两条腿,开始往后退。

它撞到了兄弟中的一只小鸟,就开始往它身子下面拱。它把自己尚未长全的两个光秃秃的歪翅膀向后一伸,抱住了这个兄弟,像钳子一样夹紧了,背着小鸟开始向窝壁不断地后退。

它的小鸟兄弟又小又弱又瞎,被夹在它背部末端的窝儿里,仿佛被一只勺子盛着,正在拼命挣扎。可丑八怪用头和脚抵着,将它越抬越高,直到小鸟被推到了巢的边缘。

这时,丑八怪运足了力气,突然将屁股猛地一撅,小鸟便从巢里跌了出去。

鹡鸰的巢筑在河岸边的悬崖上。

身体光秃细小的鹡鸰幼鸟往下啪的一声摔在砾石上,摔死了。

可恶的丑八怪虽然自己也差点从窝里甩出去,现在还在窝边不停摇晃,但是它沉重的脑袋把重心稳住了,于是它倒回到了窝里。

这件可怕的事整个过程持续了不过两三分钟。

接着筋疲力尽的丑八怪在窝里一动不动地躺了大约一刻钟。

父母亲飞来了。它用青筋嶙嶙的脖子抬起沉重而盲目的脑袋,完全像什么事也没发生似的,张大嘴叽叽叫了起来,——喂我吧!

吃完了,歇也歇过了,于是它又开始凑到另一个兄弟身边去。

它做这件事并非这么轻而易举,因为小鸟拼命挣扎,常从它背上滚下来。但是丑八怪还是不停地做着。

五天以后,当它开眼的时候,它发现只有它独自躺在窝里,因为五个兄弟都被它抛到外面摔死了。

直到它出生后的第十二天,它身上终于长满了羽毛,这时真相大白,使鹡鸰夫妇痛苦不堪的是它们竟养育了被偷偷放入窝里的弃儿——杜鹃。

然而它叽叽的叫声是那么强烈,与它们自己死去的孩子是那么相似,它抖动着小翅膀乞食的样子是那么可爱,使得瘦小温和的这对鸟夫妇无法拒绝,无法将它抛在一边让它饿死。

它们自己过着忍饥挨饿的日子,奔波忙碌中顾不上吃饱肚子,它们从日出到日落都在为它运送肥壮的毛虫,把头伸入它宽大的嘴巴,将食物送进它永不知餍足的喉咙。

快到秋天时它们把它喂大了。它从它们身边飞走,一辈子再也没有见过它们。

## 小熊崽洗澡

我们认识的一个猎人在林间的一条河边走路,突然听到很响的树枝断裂声。他心中一惊,就爬上了树。

从密林里走出一头棕色大熊,来到河边。和它一起来的是两只小熊崽和一只还未离开母亲的小熊——它一岁的儿子,担负着熊保姆的职责。

母熊坐了下来。

小熊用牙齿叼着一只熊崽的后颈,把它浸到河里去。

小熊崽尖叫起来,一面挣扎着,但是小熊在它没有在水里好生洗涤一番以前就是不放开它。

另一只熊崽害怕冷水浴,就开始往林子里溜。

小熊追上了它,用手掌打了它一顿,接着和第一只一样也把它浸到了水里。

它把熊崽在水里涮呀涮呀,偶然间一松口把它落进了水里。小熊崽绝望地嚎叫起来。这时母熊在刹那之间跳了起来,把小儿子拖上了岸,将小熊狠扇了一顿耳光,打得它嗷嗷直叫。

重新来到旱地上以后,两只熊崽对这个澡感到十分惬意,因为这一天天气很闷热,穿着这一身毛茸茸的厚皮大衣,它们觉得非常热。水使它们好生凉快。

洗完澡熊又在林子里消失了,猎人便从树上下来回家去。

## 浆 果

许多不同品种的浆果成熟了。花园里正在采马林果、红的和黑的茶藨子，还有醋栗。

马林果树在森林里找得到。它以灌木丛的形式生长。如果不折断它脆弱的茎秆，你就走不过去。你脚下一直都是咔嚓咔嚓的断裂声。但是这不会给马林果造成损失。现在挂着浆果的这些茎秆只能活到冬季之前。马上就会有接替的新茎。眼看着从它的地下根状茎上会长出多少年轻的茎秆！这些茎秆枝繁叶茂，缀满了花蕾。到来年夏天就轮到它们开花结果了。

在灌木丛和小草丘上，在树桩边的采伐地残址上，越橘正要成熟，浆果的一侧已经红了。

这些浆果一簇簇地长在越橘茎的顶端。有些树丛上大簇大簇的果子，长得密密的，沉甸甸的，压弯了茎秆，搁到了地面的苔藓上。

不由得想要挖一棵这样的树丛，移栽到自己家里照料起来，这样它的浆果会不会更大些呢？目前还没有在"失去自由"环境下培养成功的越橘。越橘是一种很有意思的浆果植物。它的果实能保存一冬，仍然可以食用，只要给它浇上凉开水或捣碎出汁。

为什么它不会腐烂？它本身就经过了防腐处理。它含有苯甲酸。而苯甲酸可使浆果防腐。

*H. 帕甫洛娃*

## 猫咪喂养大的动物

春天我们家的猫咪生下了小猫，但被人抱走了。正好这一天我们在森林里捉到了一只小兔崽。

我们带回家,把它放到了猫身边。猫咪奶水很足,所以它很乐意给小兔崽喂奶。

就这样小兔崽喝猫奶长大了。它们俩非常友爱,连睡觉都在一起。

最好笑的事是猫咪教会了它收养的小兔崽和狗打架。只要狗一跑进我家院子,猫咪就向它冲过去,怒气冲冲地用爪子抓它。兔子也跟在它后面跑过来,用两个前爪打鼓似的打它,打得一绺绺狗毛到处飞舞。四周所有的狗都怕我们的猫咪和它喂养大的兔子。

## 小小转头鸟的诡计

我家的猫咪发现了一个树洞,便想那里是一个鸟窝。它想吃小鸟,就爬上了树,把脑袋伸进树洞里,看见洞底部有几条小蝰蛇在蠕动,扭来扭去,而且很凶地发出咝咝的叫声。猫咪害怕了,就从树上跳了下来,亡命而逃。

其实树洞里根本没有小蟒蛇，而是转头鸟①（蚁䴕）的幼雏。这是它们保护自己免遭敌害的诡计：把脑袋转来转去，脖子扭来扭去，因为它们的脖子会像蛇一样扭动。与此同时它们还会像蛇一样发出咝咝的叫声。谁都害怕有毒的蟒蛇。于是小小的蚁䴕鸟就模仿蛇的样子来吓唬来敌了。

## 一场骗局

一只很大的鵟看中了一只母黑琴鸡和整整一窝毛茸茸的浅黄色小黑琴鸡。

它想午餐有着落了。

它已看准了，打算从上面向它们猛打下去，但这时母黑琴鸡发现了它。

母黑琴鸡叫了一声，于是所有的小鸟转瞬之间都消失了。鵟看呀看，就是一只小鸟也没有，仿佛陷进了地里似的！它只好飞走，去找别的猎物当午餐了。

---

① 学名为"蚁䴕"，系啄木鸟的一种另译"地啄木"、"歪脖鸟"，本文中该名称的俄文还有一种表达形式，但其构成仍是"转动"和"脑袋"两个部分，故按字面译成"转头鸟"。

这是母黑琴鸡又叫了一声,围着它蹦蹦跳跳地涌出了一群毛茸茸的浅黄色小黑琴鸡。

它们哪儿也没有陷进去,而是就地躺下,把身子紧贴在了地面上。你倒试试看,能不能把它们跟树叶、草和土块分辨清楚!

## 可怕的花朵

蚊子在森林的沼泽地上方飞呀飞呀飞累了,就想到要喝点儿什么。它看见了一朵花。花的茎是绿的,上面是一个个小小的白色小铃铛,下面,在茎的四周是像蜡烛盘一样圆圆的红色叶子。叶子上还有眼睫毛一样的毛毛,毛毛上是亮晶晶的一滴滴露珠儿。

蚊子停到叶子上,把尖嘴插到露珠里,可是露珠儿又稠又黏,把蚊子嘴粘住了。

突然小毛毛都动了起来,像触手一样伸长了,捉住了蚊子。圆圆的叶子闭合起来,于是蚊子不见了。

后来当叶子重新展开时,蚊子的空壳掉在了地上:花儿吸干了蚊子的血液。

这是可怕的花朵,凶猛的花朵,叫茅膏菜。它捕捉小昆虫并把它吃掉。

## 水下的打斗

住在水下面的娃娃也喜欢打架,就跟住在陆地上的一样。

两只小青蛙一个猛子扎到了池塘的水底下,看到那里怪模怪样、瘦瘦长长的一个北螈的蝌蚪,它有四只短爪子。

"看这可笑的丑八怪!"小青蛙想,"得教训教训它!"

一只小青蛙抓住了蝌蚪的尾巴,另一只抓住了它右面的前腿。

它们用劲一拽,腿和尾巴留在了它们那儿,蝌蚪却溜走了。过了几天小青蛙又在水下遇见了这条小北螈。现在它已经成了真正的丑八怪:在尾巴的位置长出了一只爪子,在断了爪子的地方长出了尾巴。

北螈比蜥蜴更会再生尾巴和断肢。只是有时候会乱了套,于是在断肢的部位再生了不适合长在这儿的其他东西。

## 不是风,不是鸟,而是水

我禁不住想说说景天还在开花时的样子。我非常喜欢这种小小的植物。我特别喜欢它那肥厚鼓胀的灰绿色叶子,它们在茎上长得密密麻麻,密得连茎也看不见。景天的花很好看,是一个个鲜亮的小五角星。

不过现在已经没有花了。代替花的是果实,也是扁平的小五角星。它们紧紧地闭着,但这不意味着种子没有成熟。景天的果实在晴朗的日子总是闭合的。

我要它们立马张开。不过要从水洼里取来少量的水。有一滴水就够。这时一滴水正好滴在小五角星中央。于是我达到了自己的目的:果实上的叶瓣开始展开。瞧,马上就露出了种子。

它们和许多植物的种子一样,遇水并不躲避,反而要出来迎接它。再滴上两滴,种子就漂起来了。水托着它们,将它们带走并播撒开去。

既不是风,也不是鸟,也不是其他动物帮助景天播撒种子,而是水。我在陡峭岩壁的缝隙里见到过景天。这是雨水在岩壁上流过时把它的种子带到了这里。

*H. 帕甫洛娃*

## 潜　鸭

　　我到湖里去洗澡。我一看,潜鸭正在教自己的小潜鸭从人的身边游开。潜鸭像一只小船浮在水上,而它的孩子们则正在扎猛子。小潜鸭潜入了水中,它就游到它们下潜的位置,四下里观望。终于它们在芦苇荡旁边潜出水面,游进了芦荡,我就开始洗澡。

驻林地记者:波波夫·瓦连京

## 别具一格的果实

　　能结出如此别具一格果实的老鹳草,却是一种杂草。它长在菜园里。这是一种其貌不扬、表面粗糙的植物,开的花像马林果的花,很一般。

　　现在一部分花已经谢了,在花的位置每一个花萼上竖起了一个"鹤嘴"。每一个鹤嘴就是五颗靠小尾巴联结的果实。它很容易分离。这就是一颗别具一格的老鹳草果实,头子尖尖,满身刚毛、长着小尾巴。长在末端的小尾巴弯成镰刀形,下面卷成螺旋状。这个螺旋状的东西遇潮会展开。

　　我把一颗果实放在掌心里,对它呵气。它开始旋转,发出声音。真的,再也没有螺旋状的东西,——展开变直了。但是在掌心里放了不多一会儿,它又卷了起来。

　　植物干吗要玩这套把戏? 原因是这样的:果实在下落时会扎

进土里,可是它的小尾巴却用镰刀形末端钩在了小草上。在潮湿的天气里,螺旋状的东西展开了,于是头子尖尖的果实就扎进了土里。

它没有退路可走:小刚毛不让它回去,它们向上竖着,在土里撑住了,毫不放松。

这就是它狡猾的一招:植物自己把种子栽到了地里!

至于老鹳草的小尾巴有多么敏感,我们从这一点可以看出:从前它曾被人们用作水文测量仪——测量空气湿度的仪器。人们将果实固定不动,小尾巴就起了指针的作用,它会运动并指示刻度,表示湿度有多少。

H. 帕甫洛娃

## 小凤头䴙䴘

我在河岸上走,看到水面上有一种鸟,不知是野鸭呢,还是别的什么鸟,说是野鸭又不像。我在想这究竟是什么鸟呢,鸭子的嘴是扁平的,可这些鸟的嘴却是尖的。

我赶紧脱了衣服,泅水去抓鸭子。它们避开我向对岸游去,我便跟着它们。眼看着要抓到了,它们却回头游向这边的河岸了!我追赶它们,它们却躲开我。它们引着我顺流而下,弄得我筋疲力尽,——我勉强才游回到岸边!最终还是没有捉到。

后来我多次看见它们,不过不再泅水去追它们。原来这不是鸭子,而是䴙䴘的孩子。

驻林地记者:A. 库罗奇京

*摘自少年自然界研究者的日记*

## 夏末的铃兰

8月5日。我家花园里小溪的对面长着铃兰。这种5月开花的谷地百合花——大科学家林耐[①]用拉丁语这样称呼铃兰,我比其他所有的花都喜欢。我喜欢是因为它那质朴无华、铃铛似的花朵白得像晶莹的瓷器,翠绿的花茎是那么柔韧,长长的叶子是那么清凉滋润,它的香味是那么怡神,整朵花又是那么清纯和充满朝气。春季里我早早地跑过小溪去采铃兰花,每天把新鲜的花束带回家,插在水里,于是整天小屋里洋溢着它的清香。我们列宁格勒郊外铃兰在6月开花。

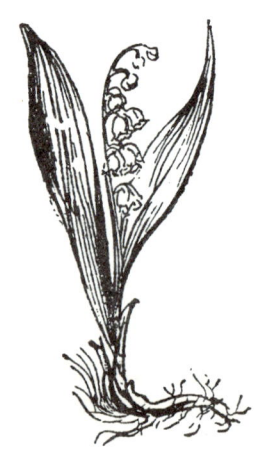

而现在,时当夏末,可爱的花朵又给我带来了新的欢乐。

偶然之间我在它尖头的大叶下发现了红红的东西。我跪下来展开它的叶子,叶面下是坚硬而略呈椭圆形的一颗颗橙红色小果实。它像花一样漂亮,漂亮得使我禁不住想用它们来穿成耳环送给我所有的女友。

驻林地记者:维丽卡

---

[①] 林耐(1707—1778),瑞典博物学家,植物界和动物界分类法创始人。

## 蓝的和绿的

8月20日。今天我早早地起了床,向窗外一望,不禁哇的一声叫了起来:那么蓝,一派蓝蓝的草色!草被露水的重量整个儿压弯了,晶亮晶亮的。

如果你把白色和绿色颜料掺和起来,就得到了湖蓝色。就是因为露水洒满了鲜亮的绿草,才使它呈现出一派蔚蓝的颜色。

从灌木林到小板棚之间,有一条条绿色小道快速穿过蔚蓝的牧场。这是一群灰色的山鹑趁人们还在睡觉,跑来啄食村里的谷物:板棚里放着一袋袋粮食。它们就在打谷场上——蓝色的母鸟,胸口有一道咖啡色的半圆形花纹。它们用嘴笃—笃笃笃笃—笃笃笃笃地啄个不停!它们要趁人们尚未醒来赶紧吃个饱。

再远处,紧靠森林的地方,还没有收割的燕麦也是一派蔚蓝。那里有一个猎人手持猎枪在来回走动。我知道他在跟踪一群黑琴鸡幼鸟,它们在母鸟带领下从森林里出来,到庄稼地里补充食物。它们在燕麦地里走动的地方呈现的也是一片绿色,因为穿行其间的时候小黑琴鸡把露水抖搂了。猎人没有开枪,显然母黑琴鸡及时把自己的一窝小鸟带回到了森林里。

*驻林地记者:维丽卡*

# 农事纪程

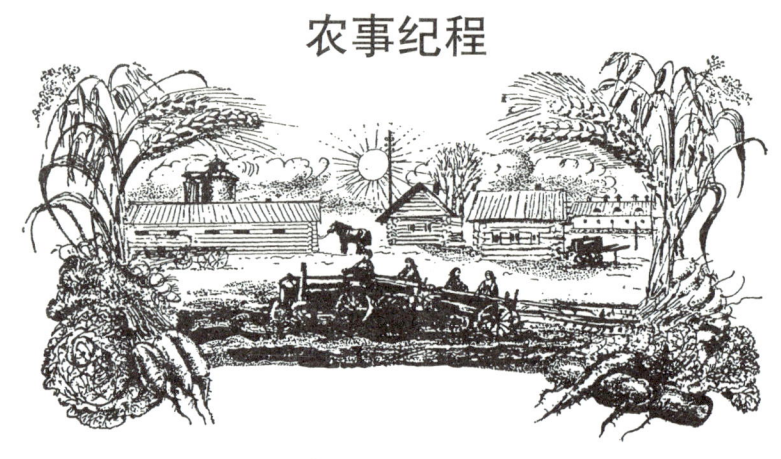

收割庄稼的时间到了。家乡集体农庄的黑麦和小麦地看上去像海洋一样无边无际。高高的麦穗又壮又密,蕴含着许多谷粒。庄员们的劳动结出了硕果。不久这些谷物将会像金色的水流一样流入国家和农庄的粮仓。

亚麻也已成熟。庄员们出门去搬运亚麻。这件事是用机器来完成的。拔麻用的是拔麻机。用机器要快得多!女庄员跟在机器后面把倒下的亚麻扎成捆子,再把捆子竖着拢成垛——每十捆拢成一垛。很快田野上盖满了捆垛,仿佛一列列兵阵。

田里的公山鹑和它的母山鹑,以及它们已长大的全体小山鹑,被迫从秋播黑麦地转移到了春播作物地。

正在收割黑麦。在收割机多齿的钢锯下结实健壮的麦穗一捆接一捆地倒伏在地。男庄员们把它们扎起来,堆成垛。麦垛堆在田头,宛如列队受检阅的运动员方队。

菜地里的胡萝卜、甜菜和其他蔬菜也成熟了。庄员们把它们运往火车站,火车再运往各个城市,于是城市居民们在这些日子就能吃上可口的新鲜黄瓜、甜菜做的红菜汤、胡萝卜馅饼。

农庄的孩子们在森林采蘑菇,成熟的马林果和越橘。凡是有榛子林的地方,这些天就无法把孩子们从那里赶走:他们在采坚果,把口袋塞得满满的。

但是成人们现在顾不上坚果:需要收割庄稼,把亚麻在打谷场上脱粒,用快速联结机把所有耕过的土地耙一遍,因为很快就要播种越冬作物了。

## 森林的朋友

在伟大的卫国战争①期间许多森林被毁。林业管理部门正在努力恢复森林。我们的中学生成了这方面的助手。

为了栽种新的松林,需要几百公斤的松果。孩子们在三年之内采集了七吨半的松果。他们帮助整理好土地,照料种上的树苗,护林防火。

驻林地记者:亚历山大·察廖夫

## 人人都有事可做

早晨天刚亮,庄员们已经在干活了。哪儿有成年人,哪儿也

---

① 卫国战争,指1941年至1945年苏联军民抗击德国法西斯军事侵略的战争,是第二次世界大战的重要组成部分。

就有孩子。在割草场,在田头,在菜地,他们都在帮助庄员们干活。

现在孩子们带着耙子出现了。他们迅速把干草耙拢,然后装上大车,运往农庄的干草房。

孩子们叫杂草也不得安宁:播种的亚麻田和土豆田都清除了苔草、滨藜、木贼等杂草。

到了拔亚麻的时候,孩子们比机器先到亚麻田。

他们拔除田头地角的亚麻,使拖拉机能方便地拐弯。

在割过的黑麦田里同样能找到活儿。孩子们把收割后落下的麦穗耙拢,收集起来。

*普斯科夫州斯拉夫科夫区*
*"广阔田野"集体农庄*

*远方来信*

# 鸟　岛

我们乘舰艇在喀拉海东部航行。四周是浩瀚无际的水域。突然索具兵叫了起来：

"一座山脚向上的山峰，正对着船头呢！"

"他产生什么幻觉啦？"我想着，于是爬上了桅杆。

清清楚楚可以看到我们正向一个山石嶙峋的海岛驶去，它悬在空中，山顶向下。

山崖在天上凌空悬着，山脚向上，没有任何支撑。

"我的朋友，"我自言自语说，"你的脑子急转弯了！"

但是这时我想起了一个词："折射！"于是大笑起来。这是一种奇异的自然现象。

在这里极地海域经常有这种折射现象，或者叫海市蜃楼。突然会出现头朝下的远方的海岸或者船舰，也就是它在大气中颠倒的映像，就像在相机的取景框里那样。

几个小时以后我们驶近了远方的海岛。它当然没有想过要头向下凌空挂起,而是极其平静地将自己所有的山崖耸峙在海面上。

舰长确定方位并看了看地图以后,说这是比安基岛,位于诺登舍尔德群岛的入口。海岛这样命名是为了表示对一位俄罗斯大科学家的尊敬,他就是瓦连京·利沃维奇·比安基①,《森林报》就是为了纪念他而创刊的。因此我在想,你们也许会有兴趣了解这座海岛的外貌怎么样,上面都有些什么。

这座岛是由岩礁、巨大的漂砾和片石堆积而成的。上面既没有灌木丛,也没有草,有的地方只有淡黄和白色的小花耀人眼目,再就是岩石背风向南的一面,覆盖着地衣和很短的苔藓。这里有苔藓,像我们的松乳菇,嫩而多汁;这样的苔藓在任何别的地方我再也没有遇见过。在坡度平缓的岸滩上堆着整堆整堆的漂来物,也就是原木、树干和木板,是大洋把它们送到这里的,说不定来自几千公里之外。这些木材是那么干燥,你弯起手指头轻轻一敲都会咚咚响。

现在——7月底,这里夏季才刚刚开始。但这并不影响冰和不大的冰山安详地从岛旁漂过,它们在阳光下闪射出耀眼的光芒。这里经常有很浓的大雾,而且低低地弥漫在海面上,使你只能看见海上过往船只的桅杆。不过这里行驶的船只相当稀少。岛上没有人,所以这里的野兽根本不怕人——任何一个人都可以往它们尾巴上撒盐②,只要你带着盐。

---

① 这是本书作者维塔里·瓦连季诺维奇·比安基的父亲。
② 往尾巴上撒盐,是俄语中的一个成语,意思是"使生气,难堪",在本文中指的是"谁也不可能惹得野兽惊慌不安"。笔者早年曾译比安基1934年的小说《我多么想往兔子尾巴上撒盐》,译文以《轮机手讲的故事》为题收入比安基的小说集,说的是格陵兰岛上兔子不怕人,他用了这个成语,可以佐证。

比安基岛是名副其实的鸟类天堂。鸟类的集市——几万只鸟在那里密密麻麻地筑巢生息的山崖,这里倒没有。但是许许多多的鸟类却在整个岛上自由自在地安顿了自己的巢穴。这里筑巢而居的有数以千计的野鸭、大雁、天鹅、潜水鸟、各种各样的鹬。它们上方,在光秃的山崖上,居住着海鸥、海鸠、暴风鹱。这里的海鸥形形色色都有:有白鸥和黑翅鸥,小小的红鸥和叉尾鸥,还有以鸟蛋、小鸟和小兽为食的硕大而凶猛的市长鸥。这里还有巨大雪白的北极猫头鹰。美丽、白翅、白胸的雪鸦升到空中,像云雀一样婉转啼鸣。北极云雀长着黑胡子,头上有尖尖小小的角状毛,一面在地上跑,一面唱着歌。

至于这儿的野兽真是没得说!……

我拿了早餐,上岸去坐坐,就在海岬后面。我坐着,兔尾鼠却围着我拼命乱窜,这是一种大型啮齿动物,皮毛厚,毛色灰黑黄相间。

这个岛上有许多北极狐。我在岩石之间看到一只:它正偷偷逼近还不会飞的海鸥雏鸟。突然海鸥发现了它,整群鸟立刻全体出动向它冲去,又叫又闹!小偷夹着尾巴亡命而逃!

这里的鸟类善于自我捍卫,不让自己的小鸟受欺侮。野兽就被迫挨饿了。

我开始向海上眺望,那里也有许多鸟在浮游。

我打了声呼哨。突然紧靠岸边的地方从水里钻出一个个光溜溜的圆脑袋,深色的眼睛好奇地盯着我看:这是什么标本?干吗吹口哨?

这是环斑海豹,体型较小的一种海豹。

接着,在再远些的地方,出现了很大的一只海豹——髯海豹。再后来是长着胡须的海象,个头比它还要大。突然它们都钻到水底下不见了,鸟类也都啼叫着升了空,原来从水下伸出了一个脑袋,一头白熊正在岛旁游动,这是北极地区最强大和凶猛的野兽。

我觉得饿了,就去找自己的早餐。我清楚地记得把它放在身后的石头上,可是这儿却没有。石头底下也没有。

我霍地一下站了起来。

石头下面蹿出一只兔尾鼠。

小偷,小偷,小偷,是你偷吃了! 是它偷偷逼近,拖走了我的早餐:它牙齿间还带着我包灌肠面包的纸呢。

你看鸟类竟把体面的兽类逼到了这步田地!

*远航的航海长:基里尔·马尔德诺夫*

# 狩猎纪事

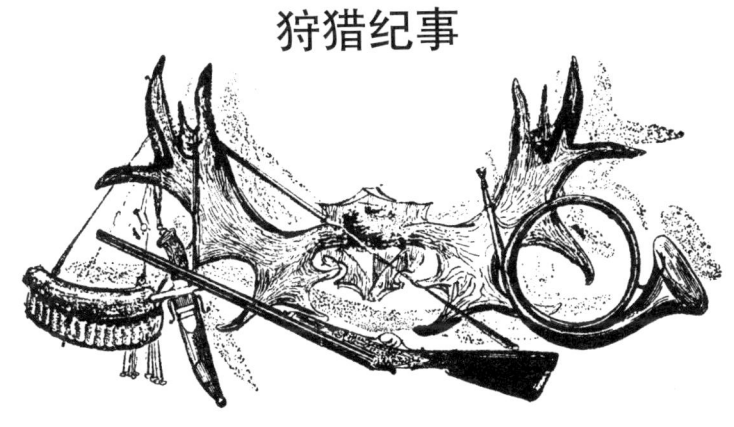

在幼鸟还没有长大和学会飞行时,该怎么打野味?不打幼小的鸟兽。法律禁止在此期间攻击野兽和鸟类。

但是夏季仍然允许猎杀吃林中幼小动物的猛禽,猎杀危险和有害的野兽。

## 黑夜里所受的惊吓

如果夏天你在黑夜里出门,林子里会突然传出咕咕一声叫,又突然传来哈哈嚯嚯的笑声,直叫人心惊肉跳,背上掠过一阵鸡皮疙瘩。

要不从顶层的阁楼间或者从屋顶上在暗处响起嘶哑的声音,似乎在呼唤你一起走:

"咱们走吧!走吧!到墓地去!……"

于是马上在黑暗的空中亮起两点圆圆的绿莹莹火光——两

只凶险不祥的眼睛，同时一个无声无息的影子一闪而过，几乎触及人的面部。这时怎么会不感到害怕？

由于恐惧，人们就憎恶鸮和猫头鹰。刚才就是猫头鹰在林子里每到黑夜发出的刺耳笑声，而纵纹腹小鸮则用凶险不祥的声音发出呼唤：

"咱们走吧，走吧！"

就是在大白天也很容易被它们吓着，如果从黑糊糊的树洞里突然伸出一个脑袋，上面长着一对黄色大眼睛，用钩状的嘴巴大声地啄着。

如果在夜间蓦地掀起一片惊慌，鸡窝里的母鸡咯咯叫了起来，鸭子也开始嘎嘎叫个不停，鹅也发出了唢唢的叫声，到早晨主人点数时发现少了两只小鸡，他马上会把罪过直接落到猫头鹰或鸮的身上。

## 光天化日下的劫掠

不仅在黑夜，就是在光天化日之下，农庄庄员们也被凶猛的鸟儿搅得心神不宁。

抱蛋的母鸡一不留神，老鹰就把它的小鸡抓走了。

公鸡刚跳上篱笆墙，鹞鹰嚓地一下把它抓住了。鸽子从屋顶上刚飞起，不知从哪儿冒出一只隼来。它冲进鸽群，只打了一下，四周就飞扬着鸽毛了；它接住打死的鸽子，顿时便消失得无影无踪。

所以如果凶猛的杀手叫一个农庄庄员撞见了，那个火冒三丈的人已经不会再去分析谁对谁错,而要把所有嘴巴像钩、爪子长长的鸟儿都杀了。他说干就干,把周围所有的猛禽都消灭了,这时他才会醒悟过来:田里老鼠会不知不觉地大肆繁殖起来,黄鼠会把所有的粮食都吃个精光,野兔会把所有的白菜都啃了。

于是不会算账的农庄庄员经济上损失惨重。

## 谁是敌,谁是友

为了不发生那样的事,首先得好生学会区分有害的猛禽和有益的猛禽。有害的是那些鸟,它们杀死野鸟和家禽。有益的是另一些,它们消灭田鼠、黄鼠和其他使我们受损的啮齿动物,以及蠡斯、蝗虫等有害的昆虫。

就拿猫头鹰和鸮来说吧,不管它们样子有多可怕,它们几乎都是益鸟。有害的只是我们的猫头鹰中个儿最大的那些——张着两个耳朵、巨大的雕鸮和体大头圆的林鸮。就是这两种也常捕食啮齿动物。

日常所见的猛禽中最有害的是鹞鹰。我们这儿鹞鹰有两种:个儿大的苍鹰和个儿小的(比较瘦小,比鸽略长)鹞鹰。

鹞鹰很容易和别的猛禽区分开来。它们呈灰色,胸脯上有波浪形的花纹;它们头小额低,眼睛淡黄,翅圆尾长。

鹞鹰是力气极大又极其凶狠的一种鸟。它们能杀死比自己个头大的猎物,即使在吃饱的时候也会不假思索地把鸟儿杀死。

老鹰比鹞鹰要弱得多,根据它末端开叉的尾巴很容易认出它。对大型的野禽它不敢贸然攻击,只是观望,看可以从哪儿叼走一只小而蠢的小鸡或啄食尸体。

还有大型的隼也是害鸟。

它长着尖尖的镰刀形翅膀。它的飞行速度超过所有别的飞鸟,总是在飞行中离地面很高的地方打击猎物,以免在猎物转向避开攻击时自己胸脯触地而撞死。

小的隼最好不要去捕杀,因为其中有非常有益的品种。

比如说:红隼,或按俗称叫做"抖翅鸟"。

棕红色的红隼经常可以在田野上空见到。它悬在空中,仿佛被一根无形的线挂在白云上,同时抖动着双翅(因此它被称作"抖翅鸟"),因为这样它看得清草丛里的老鼠、螽斯和蝗虫。

雕造成的危害比益处多。

## 对猛禽的捕猎

对有害的猛禽允许长年射杀。捕猎它们的方法有多种。

### 窝边捕猎

捕猎猛禽最省力的方法是在它们的窝边。但这是一种危险的捕猎方法。

为了保护幼雏,大型猛禽会大叫着直接向人冲击。人被迫在近处开枪。开枪要快,举起就打,否则可能被啄瞎眼睛。不过要找到鹰窝很困难。雕、鸲鹰、隼把自己的住处设在无法攀登的山崖上,或者莽莽林海中很高的树上。雕鸮和巨大的林鸮把巢筑在山崖和地上,在茂密的原始林里。

## 潜 猎

雕和鹞鹰经常停在干草垛、白柳和孤零零地耸立的枯树上窥视猎物。它们不会让人靠近。

这时就用潜伏的方法猎取,也就是从灌木丛或岩石下面偷偷靠近。子弹只能用远程步枪射击。

## 带雕鸮射猎

捕猎白昼活动的猛禽要带上一只雕鸮。

猎人在某地的一个小土丘上插进一个带横档的杆子,在离它几步远的地方往地里种一棵枯树,再在附近盖一个小棚子。

早晨猎人带雕鸮来到这里,让它停在带横档的杆子上,把它拴住,自己躲进棚子里。

不用等太久:只要鹞鹰或隼发现这可怕的怪物,立马就会冲向它。它们都想为夜间的被劫要敌方血债血偿。

鸟儿们一圈圈地围着它飞,向它进攻,停到枯树上向盗贼叫喊不停。

雕鸮被拴住了,只好把全身的羽毛竖起来,一面眨眼睛,一面把钩嘴啄得橐橐直响,因为它没别的办法。

怒火万丈的其他猛禽没有注意到那个窝棚。这时你就向它们开枪吧。

### 在漆黑的夜晚

对猛禽最有趣的射猎发生在夜晚。老雕和其他大型猛禽飞往哪里宿夜,这一点不难发现。比方说,雕就在没有山崖的地方,通常在孤立的大树顶部睡觉。

猎人选择一个比较黑的夜晚,就向着那样的一棵树出发了。熟睡的雕不提防他向这棵树靠近。猎人突然把一束耀眼的灯光打到它身上,那光来自暗藏的灯火(电的或电石的,事先点亮了用盖子盖着)。雕被突如其来的光惊醒了,睁不开眼,眯了起来。它什么也看不见,根本想不出是怎么回事,停在那儿惊呆了。

而猎人从树下却看得一清二楚。他瞄准以后开了枪。

## 夏季开猎

从7月底开始急不可耐的情绪萦绕在猎人们的心头,他们变得烦躁不安了:一窝窝的小鸟小兽已经长大,可是州执行委员会还没有确定开猎的日期。

终于等到了:报纸上宣布今年对森林和沼泽地野禽野兽的猎捕允许从8月6日开始。

每位猎人都备足了弹药,猎枪也反复检查了多遍。5日这一天,下班以后,城里所有火车站都挤满了手持猎枪、牵着猎狗的人。

这儿什么样的狗没有呵!短毛猎狗和长着像树枝一样笔直

尾巴的向导狗。它们什么样毛色的都有：白色带黄色小斑点的，黄色带花斑的，咖啡色带花斑的，白色、眼睛耳朵和整个身躯带黑色大花斑的，深咖啡色的，全身乌黑发亮的。还有长毛、尾巴像羽毛的塞特狗：白色、全身布满泛着蓝光的黑色小花点，还带几块黑色大花斑；"红色"塞特狗：有全身火黄，红里带黄的，几乎全红色的，还有大型塞特狗，身体重，动作迟缓，全身黑色带有黄色小花点。这一切都属于追踪狗，培育它们的唯一目的是在夏季狩猎中对付整窝的新生野禽。它们都被教会了一旦觉察野禽便就地伺伏：待在原地不动，等候主人到来。

还有另外一些小型狗，毛很长，腿短，挂着两只几乎碰到地的耳朵，尾巴的部位只留下一截残余。这是西班牙种的猎犬。它们不伺伏，不过带着它们很方便在草丛和芦苇里打野鸭，在林中杂草丛生难以通行的地方打黑琴鸡。

西班牙猎犬从水里、稠密的灌木丛林里、芦苇荡里，总之从四面八方把野禽赶出来，把打死的或只是打伤的野禽交到主人手里。

大部分的猎人乘坐近郊列车，分布在各个车厢里。所有乘客都看着他们，仔细端详漂亮的猎犬。车厢里的话题尽是有关野禽、猎犬、猎枪和行猎的功绩的。于是猎人们觉得自己是英雄，自豪地看着既不带枪又不带狗乘车的"普通百姓"。

6日晚上、7日清晨还是那列火车把同样的乘客往回运送。可是，唉！许多猎人的脸上挂的可并非凯旋的表情。他们背上可怜兮兮地挂着瘪瘪的背囊。

"普通百姓"对不久前的英雄们笑脸相迎。

"你们打来的野味呢？"

"野味留在森林里呢。"

"它们飞到海那一边去死了。"

但是人们用赞叹的窃窃私语迎接着在一个小站上车的猎人，因为他的背囊鼓鼓的。他对谁也不看一眼，正在寻找可以落座的地方，马上有人给他让了座。他自以为是地坐了下去。然而他那眼睛很尖的邻座却已经向全车厢的人宣告了："哎！你的野味爪子怎么是绿的？"说着毫不客气地将他背囊的边揭开了一点。

从那里露出了云杉树枝的梢头。

狼狈不堪！

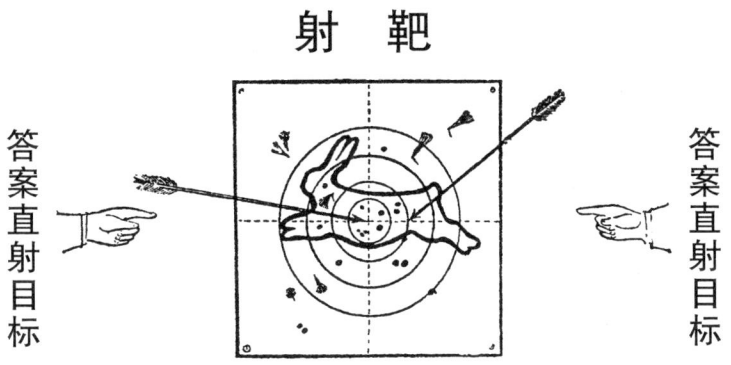

## 竞赛五

1. 鸟一般在什么时候有牙齿?
2. 什么样的奶牛更能吃得饱,有尾巴的还是没尾巴的?
3. 为什么这只蜘蛛(见图)得了"割草蛛"①的称号?
4. 一年中哪个季节猛兽和猛禽吃得最饱?
5. 哪一种动物两次诞生,一次死亡?
6. 哪一种动物在成年之前诞生三次?
7. 为什么表示"很快消失"用"就像水从鹅身上淌掉"②来形容?
8. 为什么狗感到热时伸出舌头,而马不这样做?
9. 什么鸟的幼鸟不知道自己的母亲?

---

① 这是一种蜘蛛的名称,学名应是盲蛛,但这个词按其俄语构成,意思是"割草者"。
② 这是俄语里的成语,一般按其隐含的意思直接译成"很快消失"、"很快被遗忘",由于文化背景不同,翻译本题时只能按字面意义,同时加上其隐含的意思。此法虽累赘,却能说明问题。

10. 什么鸟的幼鸟在树洞里像蛇一样发出咝咝声?

11. 如何根据喙的样子区分老年的和青年的白嘴鸦?

12. 什么鱼在自己的孩子长大以前关心它们?

13. 蜜蜂在用刺刺过别的动物后常发生什么事?

14. 新生的小蝙蝠吃什么?

15. 中午时向日葵的花盘朝向哪里?

16. 公山羊在山上走,母山羊在田埂上溜;公羊叫一声,母羊眨眼睛。(谜语)

17. 四样是用来走的,两样是用来顶的,第七样是左右甩的。(谜语)

18. 站着戴红帽的老头,谁走近就向谁点头。(谜语)

19. 穿着红衣服立在杆子上,肚子亮亮的,里面塞满了小石子。(谜语)

20. 从树丛里出来咝咝响,走起路来扭身子。(谜语)

## 公 告

测试四

"火眼金睛"称号竞赛

### 猜谜语
*谁是父亲,谁是母亲,谁是孩子*

*请帮助无家可归的小动物*

在本月——雏鸟月——常常会遇见坠落窝外或失去母亲的幼鸟。它趴在地上或者无可奈何地在每一棵灌木或土墩前用嘴啄着,想躲开你这个两条腿的庞然大物。但是它的腿虚弱无力,飞又没有能力,而且不知自己躲向何处。你当然会抓住它,把它捧在手上,仔细观察它,心里猜想:"你是谁,小不点儿?你属于什么种类?你母亲在哪里?"

可它只会叽叽叫,叫得那么响,那么凄凉:看来它正在呼唤自己的母亲。你自己也想让它回到它妈妈爸爸身边。可是问题来了:它们是什么鸟呢?

这时你张大了嘴巴:怎么办呢?可是你还是闭上嘴,睁大眼睛吧。确实,要猜出它是什么鸟并不那么简单,因为幼鸟与自己的父母太不相像了。而且鸟爸爸和鸟妈妈还经常彼此长得很不像。不过对此你有一双火眼金睛。你仔细观察一下小鸟的脚和嘴是什么样子。然后在成年的雄鸟和雌鸟身上找寻相似的脚和嘴。父母的羽毛可能是不一样的。而小鸟身上根本不可能有羽毛,它要么全身长着茸毛,要么光着身子没毛。可是从嘴巴和爪子你马上可以认出它的父母。于是你就把无家可归的小鸟还给了它们。

### 辫子鸟公黑琴鸡

之所以这么形容它是因为它的尾巴带着两个弯曲的小辫儿。不过你别看这尾巴,因为母琴鸡的尾巴是另个样儿,而幼鸟还根本没有尾巴毛。

### 嘎嘎叫的野鸭子

嘴是扁平的。幼鸭和公鸭也一样。在脚趾间有蹼。好生观察这层蹼。别把鸭子和潜水的鸊鷉混淆了。

### 雌苍头燕雀

和所有会唱歌的鸣禽一样,苍头燕雀的幼鸟出壳时很小,光身无毛,软弱无力。苍头燕雀的父母体形、个头和尾巴彼此都相似,只是羽毛不一样。根据爪子的形状你会认出苍头燕雀的。

### 红脚隼妈妈

猛禽的嘴显得很凶猛——是钩形的,爪子上有利爪。幼隼的爪子也一样。

### 潜水的䴙䴘

这是雄鸟。雌鸟也像它。从趾间的蹼和嘴很容易认出幼鸟——完全和鸭子不一样。

这是不按顺序排列的五种鸟的幼鸟和它们父亲或母亲的画像。请拿一张纸把它们全部按这样的顺序临摹下来:鸟爸爸画在幼鸟的左边,鸟妈妈画在幼鸟的右边。

# 森林报

## No.6

8月21日至9月20日

### 成群月
（夏三月）

太阳进入室女星座

### 第六期目录

森林里的新习俗
    我为大家，大家为我 / 教场 /
    咕尔雷!咕尔雷 / 会飞的蜘蛛

林间纪事
    把强盗罩起来 / 草莓 / 熊的胆
    量 / 食用菇 / 毒菌 / 暴风雪

绿色朋友

农事纪程

火眼金晴的报道 / 农庄需要
的草籽会有的

狩猎纪事
    带塞特狗和西班牙狗出猎 /
    猎野鸭 / 助手 / 在山杨林里 /
    不诚实的游戏

射靶

公告

# 森林里的新习俗

林子里的小娃娃长大了,而且爬出了窝。

春季里成双结对地住在自己地盘的鸟儿,现在带着自己的孩子满林子游荡了。

森林里的居民常常彼此到家里做客。

连凶猛的走兽和飞禽也不那么严格地守卫自己的地盘了。到处有许多可餐的野味。什么都够吃。

貂、鼬、白鼬满林子转悠,到处可以轻易找到吃的:呆头呆脑的小鸟,不懂世故的兔崽子,粗心大意的小老鼠。

鸣禽成群结队在灌木丛和大树上到处漫游。

每一群都有自己的习俗。

这些习俗是这样的。

## 我为大家,大家为我

谁首先发现敌情,应当发出尖叫或打一声呼哨——向大家发出警报,以便整个群体立即四下分散。如果其中一员落难,整个群体就起来发出叫声和吆喝去吓唬来敌。

成百双眼睛和成百双耳朵警惕着来敌,成百只利嘴准备着击退进攻。汇入群体的小家庭越多越好。

群体里有为娃娃们定的法则:在各方面向年长的看齐。年长的安详地啄食谷粒,你也啄食。年长的抬起了头不动了,你就装死。年长的逃跑,你拔腿就逃。

## 教 场

鹤和黑琴鸡都有为年青一代而设的名副其实的教学场地。

黑琴鸡的教场在森林里。年轻的雄黑琴鸡聚在一起,看发情的老黑琴鸡做什么。

老黑琴鸡自言自语,年轻的也开始自言自语。老黑琴鸡啾啾一声叫,年轻的也开始啾啾叫——细声细气地叫。

只是现在老黑琴鸡不像春天那样说了。春天时它说:"我要把大衣卖掉,买件宽松外套。"可现在却说:"我要把外套卖掉,我要把外套卖掉,把大衣买了。"

年轻的鹤排着队伍飞来教场。它们学习在飞行中保持正确队形——三角形。为了在飞越遥远的路程时保存体力,需要学习这个本领。

在三角形中领头飞的是体力最好的一只老鹤。它作为处在最前面的一只,冲破空气更吃力。

到它飞累了的时候,它就换到队伍的末尾,它的位置就由另一只蓄足新鲜体力的鹤来替代。

从领头到殿后,再从领头到殿后——年轻的鹤就这样一面扇动着双翅,一面有节奏地交替着飞到前面领头。谁个体力好,就飞在前头,谁个体力差,就在后面。气浪就从三角形的顶角上分开,犹如船头劈浪前进一般。

## 咕尔雷!咕尔雷①

"听命令:咱们到了!"

鹤一只接一只地相继着陆。这里,在田野中间的教场上,年轻的鹤正在学习舞蹈、体操:跳跃、身体旋转、按节奏跳出灵巧的舞姿。还有一项训练,也是难度最大的:要把石子向上抛,再用嘴接住。

它们正准备飞向遥远的征途。

## 会飞的蜘蛛

没有翅膀怎么飞呢?

可有些蜘蛛就变成了(应当要点小花招!)凌空漫游的飞行员。

蜘蛛从肚子里吐出细丝,把它搭在灌木丛上。风儿接住了蛛丝,就这儿那儿地到处扯,可就是扯不断它,因为它像丝线一样牢。

蜘蛛蹲在地上。挂在树枝和地面之间的蛛丝在空中飘荡。蜘蛛坐着绕蛛丝。它自身搅进蛛丝里面,整个身子就同包在一个丝做的小球里似的,而蛛丝还在源源不断地吐出来。

蛛丝变得越来越长,风儿更用力地扯它。

---

① 这是对鹤唳声的模拟。

蜘蛛在地上站稳,把脚牢牢地扎住。

"一、二、三!"蜘蛛迎风走去。它咬断了扎住的一头。

一阵风吹来,蜘蛛脱离了地面。

蜘蛛和蛛丝飞了起来。

赶快把绕着的蛛丝解开!

空中小球正在升起……它在草丛、灌木丛的上空高高飞翔。

飞行员从上面俯瞰着:哪里可以降落呢?下面是森林、小河。继续往远方飞呀飞!

眼见得下面是一个院子,苍蝇在粪堆上飞舞。停!向下!

飞行员把蛛丝退绕到自己身子下面,用爪子把它捻成一个小球。凌空的小球越来越低地下降……

准备:着陆!

蛛丝的一头粘在了草上,落地了!

这里可以安安稳稳地开始过自己的小家庭生活了。

当许多这样的蜘蛛和它们的蛛丝在空中飞翔时——这样的事常发生在秋季天气晴燥的日子里——村里人就说:"小阳春"到了。空中飞舞着秋季银光闪闪的白发……

# 林间纪事

## 把强盗罩起来

成群黄黄的柳莺在森林里辗转迁徙。从一棵树到另一棵树,从一个树丛到另一个树丛。每一棵树,每一丛灌木,它们都自下而上爬遍搜遍了。如果发现哪儿树叶下、树皮上、小洞里有蠕虫、甲虫、蛾子,就统统啄了吃,把它拖出来。

"啾伊奇!啾伊奇!"其中一只鸟惶恐不安地尖叫了一声。所有的鸟一下子都警觉起来,它们看见下面有一只凶猛的白鼬躲在树根之间,时而闪过黑魆魆的背影,时而消失在枯枝间,正在悄悄逼近。它那狭窄的身躯像蛇一样迤逦而行,凶狠的眼睛像星火一样在阴影里闪烁。

"啾伊奇!啾伊奇!"四面八方都叫了起来,于是整群鸟都急急忙忙地离开了那棵树。

如果天亮着倒还好,只要哪一只鸟发现敌情,大家都可得救。夜里鸟儿们都蜷缩在枝叶下面睡觉。但是敌方并没有睡觉。猫头鹰无声无息地用柔软的翅膀推动着空气,飞近前来,一发现,就嚓的一下!睡梦中的小鸟吓得魂不附体,四下里逃命要紧,其中两三只就在强盗钢铁般的钩嘴里挣扎。天黑了真不是好事。

鸟群从一棵树到另一棵树,从一丛灌木到另一丛灌木,继续向密林深处跋涉。轻盈的小鸟与所有的枝叶擦肩而过,进入最为隐秘的角落。

在密林的中央有一个粗粗的树墩。树墩上有一颗形状丑陋的树菇。一只柳莺非常近地飞到了它旁边:这里会不会有蜗牛?

突然树菇灰色的眼皮徐徐抬了起来。眼皮下是两只燃烧的圆眼睛。

直到这时柳莺才看清像猫一样的圆脸和脸上凶猛的钩嘴。

它慌慌张张地闪到一边。"啾伊奇!啾伊奇!"鸟群慌作一团。但是没有一只飞走。大家都聚集在可怕的树墩周围。

"猫头鹰!猫头鹰!猫头鹰!请求帮助!请求帮助!"

猫头鹰只是气呼呼地啪地一下叩响了它的钩嘴:"到底碰上了!连个安稳觉也不让睡!"

可这时小小的鸟儿们却已经从四面八方向柳莺发出可怕警报的方向飞来!

它们把强盗罩住了!

小巧的黄头戴菊鸟从高高的云杉上下来了。活泼的山雀从树丛里跳出来,勇敢地加入了冲锋的队伍:它们就在猫头鹰的鼻

子下面那么飞来飞去,辗转翻身,嘲弄地对它叫嚷:

"来呀,来碰我呀!来呀,来抓我呀!追我呀,抓住我!有本事光天化日下做,夜里行凶的卑鄙强盗!"

猫头鹰只是把钩嘴叩得啪啪响,眨着眼睛:大白天它能做什么呢?

但是鸟儿却在源源不断地飞来。柳莺和山雀的叫声和喧哗将整整一群勇敢而强大的森林乌鸦——松鸦吸引到了密林里。

猫头鹰吓坏了,它翅膀一扇,溜之大吉。趁自己还毫发未伤,逃命要紧:否则这一群群鸟的嘴巴啄下来,那还了得!

一群群的鸟紧追不舍。追呀,追呀,直到把它完完全全赶出森林。

这天夜里柳莺将会睡上一个安稳觉:受过这么一顿教训以后,猫头鹰不敢很快回到老地方来。

## 草　莓

森林边缘草莓正红。鸟儿常常寻找并叼走鲜红的草莓。它们把草莓的种子播撒到远方。不过有一部分草莓的后代会留在原地和母株一起生长。

现在这棵灌木边已经出现一条条蔓生的细茎——蔓枝。蔓枝的顶上长着小小的派生幼株:莲花形的一丛小叶和根芽。还有,在这里同一根蔓枝上有三丛叶子,第一丛已经长壮实了,第三丛——长在顶端的那丛——还没有发育全。蔓枝从母株出发向四方蔓延。应当就地在草稀之处寻找母株和去年的派生株。要是发现这种情况就好：母株在中央，派生株一圈圈地围在它四周，长成三圈。每一个圈里有三棵植株。

草莓就这样一圈接一圈地占领着土地。

H. 帕甫洛娃

## 熊的胆量

晚上猎人从森林回到村里已经很晚。他走到燕麦地边，一看：燕麦中间黑糊糊的是什么东西在打滚？难道是牲口误入了不该去的地方？

他仔细一瞧，老天，是一头熊在燕麦地里！它肚子着地趴着，两只前爪把麦穗搂成一抱，塞到自己身子下面，吸着它的汁水。它懒洋洋地伸开四肢躺下，得意地发出呼哧呼哧的声音，看来燕麦的汁水挺对它胃口。

猎人恰好子弹没有了。只有小小的霰弹,那只适合打鸟。不过他倒是有胆量的小伙子。"唉,"他想道,"不管三七二十一,对天放一枪再说。不能让熊瞎子把农庄庄员们的生计给毁了。只要不伤着它,它就不会碰我。"

他托起了枪,突然在熊的耳朵上方响起了嘭的一声。地边有一堆枯树枝,熊瞎子像小鸟一样从这堆枯枝上蹿了过去。

它头向下打了个滚,又站了起来,头也不回地往林子里跑去。

猎人嘲笑了熊瞎子的胆量,就回家去了。

可是到早晨时他想道:"让我去瞅瞅,熊瞎子把地里的燕麦压坏得多不多。"他来到老地方,看到熊吓得没命逃跑的踪迹——那踪迹一直延伸到森林里。

他循迹走去,熊在那儿躺着,已经死了。

可见突发事件造成的惊吓有多厉害,况且还是森林里最强大、最可怕的野兽。

## 食用菇

下雨以后蘑菇又长出来了。

最好的是在松林里长的白蘑。

白蘑就是美味牛肝菌,粗粗壮壮,肉质肥厚。它的伞盖是深咖啡色的,发出的气味似乎特别好闻。

牛肝菌长在林间路上,低低的野草中间,有时直接就在车辙里。嫩的时候它样子很好看,像小线团。样子虽好,但很黏滑,所以总是粘着一些东西:有时是干树叶,有时是小草。

在同一个松林的小草地上长着松乳菇。这些松乳菇棕红的颜色很浓,老远你就看得见。而且这儿多的是!老的松乳菇几乎跟小碟子一般大,伞盖被蠕虫咬得都是小洞,菌褶有点发绿。最好的是中等大小的,比五戈比硬币稍大的那种。这些菌结实,伞盖中央凹进,边缘向上卷。

在云杉林里也有许多蘑菇。既有长在云杉树下的白蘑,也有松乳菇,不过这些蘑菇在这里跟在松林里不一样。白蘑的伞盖有光泽,带点黄色,伞柄要细些,高些。松乳菇完全变成了和松林里两样的颜色,伞盖的上面不是棕红色,而是蓝莹莹的,略带点绿色,伞面上有一圈圈的纹路,跟树桩上似的。

白桦和山杨树下又有自己的蘑菇。所以被称为"桦下

菌"和"山杨树下菌"①。其实桦下菌生长的地方远离白桦树,倒是山杨树下菌和山杨树紧密相连。它只能生在树根上。美丽的山杨树下菌形态秀美规整,无论伞盖还是伞柄,都像经过琢磨一样。

H. 帕甫洛娃

## 毒　菌

雨后毒菌滋生得也不少。食用菌主要是白蘑,而毒菌则主要是毒鹅膏。得留心它!它内部含有所有毒菌中最厉害的毒素。吃下一小块毒鹅膏,比被蛇咬一口还厉害。它是致命的。

中了这种菌毒的人难得有救活的。

幸好识别毒鹅膏的方法并不难。它跟所有食用菌的区别在于它的伞柄仿佛是从大肚子瓦罐的细颈里脱胎而出的。据说毒鹅膏可能和香菇混淆(两者的伞盖都是白色),但是香菇的伞柄就像伞柄,谁也不会去想象它曾被嵌进瓦罐里。

毒鹅膏最像蛤蟆菌。有时它甚至被称为白蛤蟆菌。如果用铅

---

① 这两个译名只是为了传达原文的语境而照字面直译的,其实这两种菇的学名应是"鳞皮牛肝菌"和"变形牛肝菌"。

笔将它画下来,猜不出这是蛤蟆菌还是它。跟蛤蟆菌一样,毒鹅膏的伞盖上有白色破碎痕,而伞柄上有一圈小领子。

还有两种危险的毒菌,它们可能被误认为白蘑。这些毒菌叫做:胆汁菌和撒旦菌。

它们和白蘑的区别是它们伞盖的内面不是像白蘑那样呈白色或淡黄色,而是绯红甚至鲜红。再就是如果把白蘑的伞盖掰开,它仍然是白的,可是胆汁菌和撒旦菌的伞盖掰开后起初变红,后来变黑。

H. 帕甫洛娃

## 暴风雪

昨天我们那儿湖上刮了一场暴风雪。轻盈的白色雪片在空中飞舞,向着水面纷纷降落,又升上去,团团打转,再从高空纷纷扬扬洒落下来。当时天空晴朗,烈日当头。热空气在炽热的阳光下流动。一丝风也没有。但是湖泊上空却风雪大作。

今天早晨整个湖面和岸边洒满了干燥和死亡的雪片。

这雪有点怪:在炽烈的日光下它居然不化,而且在日光照耀下没有闪光;它不寒冷而且很脆弱。

我们便去观察那些积雪。待我们走到岸边,才发现这压根儿不是雪,而是成千上万长翅膀的小昆虫——蜉蝣。

它们昨天刚从湖水中飞出。整整三年它们都生活在黑暗深处。那时它们是形象丑陋的幼虫,在湖底的淤泥中蠕动。它们从淤泥和腐臭的水藻中汲取营养,从未见过阳光。

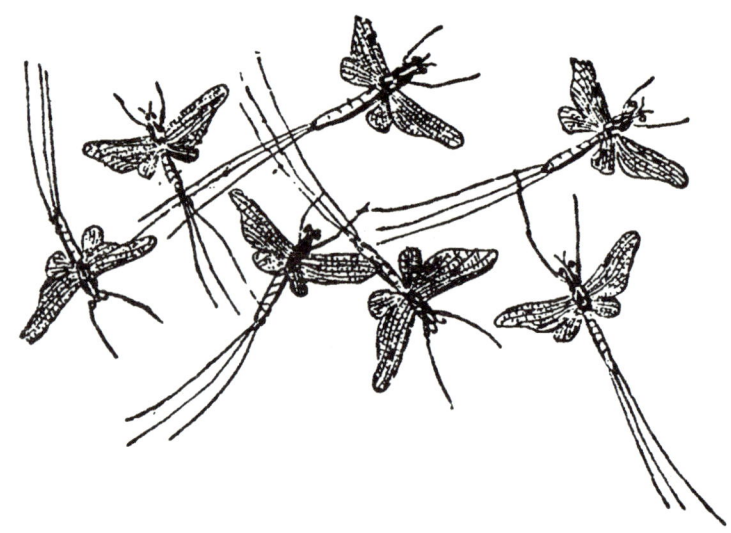

如此过了三年,整整一千天。

就在昨天,幼虫出水爬到了岸上,脱下讨厌的虫皮,展开轻盈的小翅膀,伸出尾巴——三根长长的细线,于是飞到了空中。

蜉蝣只有一天时间用于寻欢作乐和在空中舞蹈。所以它们又被叫做"一日飞蛾[①]"。

一整天它们都在阳光下舞蹈、飞翔和在空中旋转,犹如轻飘飘的雪花。雌蛾降落到水面上,把细小的卵产在水中。

然后,在太阳下山,黑暗降临时,死去的蜉蝣身体便散落在两岸和水面上。

幼虫从蜉蝣的卵里钻出,又在混浊的湖底深处度过一千个日日夜夜,直至变为长翅膀的快乐蜉蝣飞到水面上空。

---

[①] 这是为了传递原著语境而按字面直译的权宜之计,其实俄语中该词的正规汉译仍为"蜉蝣"。本文中"蜉蝣"一名最先出现的俄文单词按字面同样是"寿命一天之蛾"的意思。语境不同,言传不易。

# 绿色朋友

## 应当种什么

你们知道什么树种最适合造新林吗?

我们为此选择了 16 个树种和 14 个灌木品种,推荐在我们祖国的不同地区种植。

最主要的树种和灌木品种就有这样一些:橡树、白杨、山杨、白桦、榆树、枫树、松树、落叶松、桉树、苹果树、梨树、柳树、花楸、金合欢、野蔷薇、茶藨子。

这一点所有孩子都应知道,以便永远记住应当采集哪些植物的种子供苗圃储备。

驻林地记者:彼得·拉夫罗夫,谢尔盖·拉里昂诺夫

## 机器植树

现在需要种植的树木和灌木是那么多,光凭两只手是无法胜任的。

于是机器来助一臂之力了。人发明和制造了形形色色灵巧和能干的植树机械,无论种子、树苗,甚至大树它们都会种。有机器用来种植林带、绿化谷地、挖掘池塘、处理土壤,甚至养护苗圃。

## 新开湖

你们列宁格勒人拥有许多河流、湖泊和池塘。夏季也不怎么热。而我们克里米昌区以前池塘很少,湖泊根本没有。有一条小河流过这里,但是它到夏天就逐渐干涸,我们只要稍稍卷一下裤脚,就可以赤脚蹚水过河。

我们农庄的花园和菜地吃尽了干旱的苦头。

不过,如今它们就不用为缺水而苦恼了。我们区的农庄庄员开挖了新的水库,一个极大的湖泊,容量达 500 万立方米。

这个湖够我们 500 公顷菜地的灌溉,还可以养鱼、养殖水禽。

第聂伯彼得罗夫斯克州克里米昌区少先队员<br>瓦尼亚·普隆钦科,列娜·卡巴特钦科

## 我们帮助年轻的森林成长

我国人民正忙于从事和平的劳动。他们在伏尔加河、第聂伯河和阿姆河上建设水电站,把伏尔加河和顿河连接起来,营造防护林带,使田地免遭恶劣风沙的侵害。所有的苏维埃人都投身建

设共产主义的事业。我们少先队员和中小学生希望帮助大人们从事这美好的事业。每一个少先队员都记得自己曾当着同学们的面承诺,一定要为成为一名合格公民而生活。这就是说我们的责任是为共产主义做力所能及的事情。

几十万棵年轻的橡树、枫树、山杨沿伏尔加河成行成列,从这一边缘到那一边缘,遍布整个沙漠。现在树木还小,还不够强壮,它们中每一棵树都有许多敌害:有害的昆虫、啮齿动物和燥热的风。

我们学校的共青团员和少先队员决定帮助年轻的树木抵御敌害。

我们知道一只椋鸟一天之内能消灭200克蝗虫。如果这些鸟能住在防护林带附近,就会给树林带来很多益处。我们同乌斯季库尔丘姆斯克和普里斯坦斯克的少先队员一起,在年轻的森林旁边制作并悬挂了350只椋鸟舍。

黄鼠和其他啮齿动物给年轻的森林造成巨大危害。我们将和农村的孩子们一起消灭黄鼠:在它们的洞穴里灌水,用夹子抓捕。我们将制作用于捕黄鼠的夹子。

我们州的农庄庄员们将在防护林带上补种苗木,为此需要许多种子和树苗。我们在夏季采集了1000公斤的树种。我们将在乌斯季库尔丘姆斯克和普里斯坦斯克的学校里建起苗圃,为防护林培育橡树、枫树和其他树木的树苗。我们将和农村的朋友一起组织少先队员巡逻队,保护防护林带免遭火灾、牲畜践踏和其他破坏。

当然这一切不过是少先队员们所尽的绵薄之力。但是如果苏联其余的少先队员和中小学生都按我们的样子采取行动,那我们大家一起定然会给祖国带来巨大好处。

*萨拉托夫市第六十三男子七年制学校的全体学生*

## 我们将帮助森林恢复元气

我们少先队大队参与了建造新林的工作。我们采集各种树林的种子,交给我们农庄和防护林站。我们在自己校内的园地里做了一个不大的苗圃,在里面栽种了橡树、枫树、山楂、白桦、榆树。种子是我们亲自采集的。

*少先队员:加丽娅·斯米尔诺娃*

*妮娜·阿尔卡迪耶娃*

## 森林周

已经决定在我国城乡每年举办一次森林周活动。在中央和北方各州,森林周在10月初举行,而在南方各州,则在11月初举行。

首届森林周在筹备十月革命三十周年庆典的日子里举行。数千个重新发展起来的集体农庄的花园,几百万棵栽种在国营农场中心区以及农业机械站、学校、医院的庭园和街道两旁的果树,这就是少年林艺师和园艺师在伟大庆典前的日子里献给国家的厚礼。

现在,在森林周活动行将开始之际,国营的苗圃里已储备了

1000万棵以上的苹果树和梨树的幼苗,以及大量的浆果植物和观赏植物的幼苗。现在在尚无花园的地方开始筹备营造花园的工作,适逢其时。

*塔斯社*

# 农事纪程

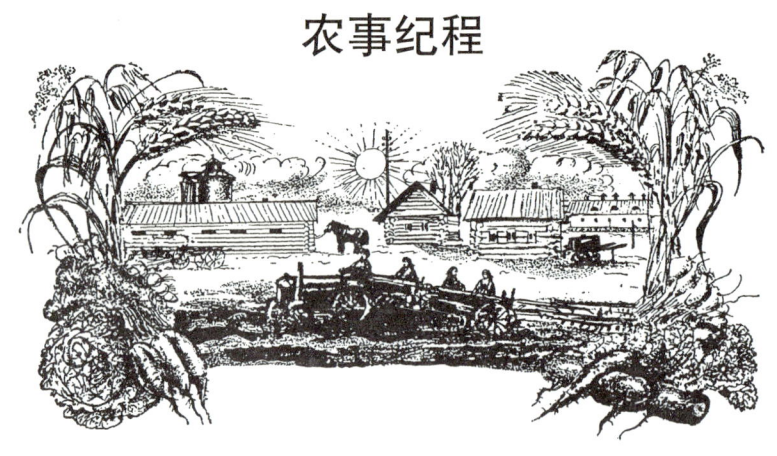

我们的各个集体农庄里收割工作已近尾声。现在田头地里正是工作最繁忙的时候。首先要把最好的粮食缴给国家。每一个农庄都急于把自己的劳动果实首先缴给国家。

农庄庄员们已经割完黑麦,开始收割小麦;割完小麦就开始割大麦;割完大麦就着手割燕麦;割完燕麦就轮到割荞麦了。

装载着粮食——集体农庄的新收成的大车成群结队地从各个农庄向各火车站驶去。

而拖拉机一直在田间隆隆运转:秋播作物的种子已经播下,现在正在翻耕春播地,这是来年春季播种用的土地。

夏季浆果都已经过了时令,果园里苹果、梨子、李子已经成熟,森林里有许多蘑菇,长满苔藓的沼泽地上长着红艳艳的红莓苔子。乡村的孩子们用杆子打下花楸树上一串串沉甸甸的红色果子。

田间的公鸡——公山鹑和它的母山鹑还有整群的子女可倒霉了:它们刚从秋播作物田辗转进入春播作物田,现在又得在春播田里从一处向另一处边飞边跑了。

山鹑躲进了土豆地。那里已经不会有任何人碰它们了。

可是眼看着农庄庄员们又在土豆地行动起来——挖土。开动了土豆挖掘机。孩子们烧起了一堆堆篝火，在地里安上了炉子，就地边烤边吃烤得乌焦的土豆。他们每个人的脸都弄得很脏，灰不溜丢的，看上去很可怕。

灰色的山鹑又从土豆地里亡命奔逃。它们的子女也终于长大，已经准许对它们进行捕猎了。

得有个觅食和藏身之地，可在哪儿好呢？所有的田地庄稼都收割过了。但这时发现秋播的黑麦已经齐齐整整地长出了禾苗。有了觅食和躲避猎人敏锐眼睛的地方了。

## 火眼金睛的报道

8月26日我在运送干草。正当车走着时我看到一堆干柴上停着一只大猫头鹰，非常专注地盯着柴堆的里面。我不由得叫停了马，对这件事产生了兴趣：为什么猫头鹰停在我的近旁而不飞走？我爬下大车，走近前去，拿起一根棍子向猫头鹰砸去。猫头鹰飞走了。它一飞走，干柴堆里就飞出几十只小鸟。它们在那里躲避自己的敌害猫头鹰。

驻林地记者：Л.鲍里索夫

## 农庄需要的草籽会有的

在我们农庄的田野上生长着有益的草——草药和饲料草。第一中队的少先队员正在采集草药，我们就决定采取饲料草——三叶草和梯牧草的草籽。

"每个女少先队员，"在会上伊拉·卡尔波维奇说，"应当采500克草籽。"我们赞成她的提议，第二天我们全中队的人都下了田。在牧场的草和禾苗中间我们寻找开过了花的三叶草的梢头，摘取梯牧草的穗头。第三小队的女孩子们"捕猎"最顺利也最成功。这个小队每个女少先队员采集的草籽不是如当初承诺的500克，而是700克。

我们已经向农庄一共缴纳了23公斤珍贵的草籽——三叶草、苜蓿和梯牧草。明年农庄庄员们将播下这些草籽，农庄里就会出现供牲口吃的多汁新牧草，农庄的田地里会有更好的收成。

*驻林地记者：拉莉莎·戈卢布*

# 狩猎纪事

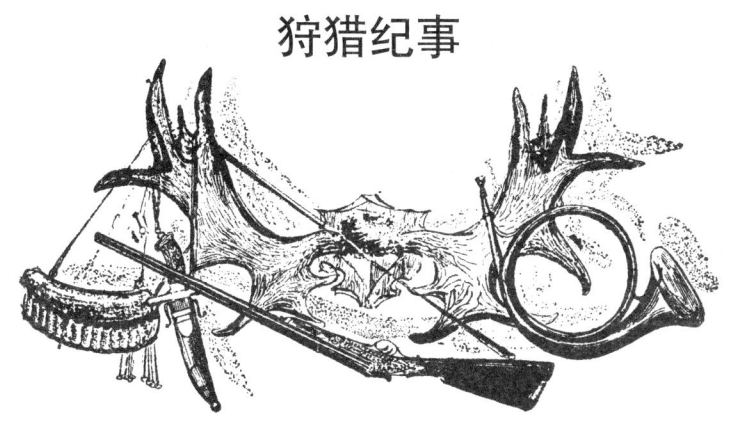

## 带塞特狗和西班牙狗出猎

*(本报特派记者报道)*

在8月里一个清凉的早晨,我随塞索伊·塞索伊奇出门去打猎。我的两只西班牙狗吉姆和鲍埃高兴地吠叫着扑到我身上。塞索伊·塞索伊奇的硕大漂亮的塞特种猎狗拉达把两只前爪搭到自己小个儿主人的肩头,往他脸上舔去。

"嘘,淘气鬼!"塞索伊·塞索伊奇故意没好气地说,一面用袖子擦着嘴唇,"咱去哪?……"

然而三条猎狗已经离开我们,在割过的草甸上奔跑了。塞特狗美女拉达大步快跑,在碧绿的一丛丛灌木后面闪过它那皮毛白里带黑的身影。我那两条矮脚狗委屈地发出抱怨的叫声努力追赶,却赶它不上。

愿它们遛出个好胃口来。

我们走近一丛灌木。吉姆和鲍埃听到我的口哨回来了,在附近忙个不停:闻着每一个树丛,每一个土丘。拉达在前面大步流星地穿梭,在我们面前左冲右突。突然它跑着跑着一下子站住了。

仿佛撞着了一道无形的铁丝网似的。它站着,保持着停止奔跑那一瞬间的姿势:脑袋转向左边,背脊柔顺地弓着,左前腿举着,蓬松的尾巴伸得直直的。

使它的奔跑戛然停止的不是铁丝网,而是一股野禽的气息。

"想打吗?"塞索伊·塞索伊奇建议说。

我谢绝了。我把自己的狗叫来,吩咐它们在我脚边趴下,使它们不去干扰并把野禽从拉达伺伏的地方赶出来。

塞索伊·塞索伊奇不慌不忙地走近它,然后停住了脚步。他从肩头卸下猎枪,扳上扳机。他拖延了纵狗向前的时间,显然他和我一样在欣赏这样一个精彩的画面:猎狗伺伏待命,保持着优雅的姿势,满怀着强忍的激情和紧张。

"向前走。"塞索伊·塞索伊奇终于说了这三个字。

拉达不动声色。

我知道这里有一窝山鹑。现在塞索伊·塞索伊奇将向猎狗重复这个指令,它会向前迈出一步,于是从灌木丛里噼里啪啦会蹿出一群棕红色的大鸟。

"向前走,拉达!"塞索伊·塞索伊奇一面举起猎枪,一面重复指令。

拉达迅速向前冲去,它跑了个半圆,又停步保持了伺伏状态,此刻是在另一丛灌木边。

那儿是怎么回事?

塞索伊·塞索伊奇又走到它身边命令说:

"向前走!"

拉达竖起耳朵倾听着树丛里的动静,躲着它跑。

树丛后面空中无声无息地飞出一只浅棕红色、个头不大的鸟。它似乎不太熟练地、无精打采地扇动着翅膀。它那两条长长的后腿挂在后面,仿佛被打断了。

塞索伊·塞索伊奇放下猎枪,召回了拉达。

原来是这么回事:是长脚秧鸡!

春天里听到这种生活在草丛里的鸟发出尖锐刺耳的声音,它在草甸上的叫声,猎人是感到多么亲切,可是在狩猎的季节它使猎人厌恶,因为长脚秧鸡会使猎狗的伺伏坚持不下去,它会不知不觉地从猎狗身边逃走,使它中止伺伏。

不久我和塞索伊·塞索伊奇分开了,约定在林中小湖边会合。

我沿着一条绿树掩映的狭窄河谷走,一条小溪流经这里,两边是林木葱茏的山冈。咖啡色的吉姆和它的儿子——黑白咖啡三色相间的鲍埃跑在我的前面。需要始终常备不懈,用双眼留意这条狗和另一条狗,因为西班牙狗不会伺伏,随时都可能把野禽赶得飞起来。它们钻进每一丛灌木,消失在高高的草丛里,又重新出现在视野。它们被砍短的尾巴在不停地运动,作螺旋状的快速转动。

是呀,不能让西班牙狗留长尾巴,它在草丛和灌木上挥动时会拍打出多响的声音:狗会把整条尾巴打坏,因为它在树丛上狠命地拍打。西班牙狗的尾巴在小狗三星期大的时候被砍短,这样它就不会再长。只留下人手能整个儿握住的那么一截,如果一旦它陷进了泥沼里,只能揪住尾巴把它拖出来。我用双眼盯着两条狗,自己也不明白我怎么同时还来得及看清四周的一切,发现成百上千美好而令人惊异的事物。

我看到太阳已经升起在树林上空，在枝叶间和草丛里变幻出许许多多金光灿烂的兔子和长蛇。我看到各处的草丛里和灌木上蜘蛛网最为纤细的一条条银丝在闪闪发光。我看到一棵松树奇巧地弯倒了自己的树干，仿佛变成了一张巨大的椅子。这张椅子上该坐着童话中的树精，这不是吗，在座位上，一个小窝里蓄着水，几只蝴蝶在旁边轻轻扇动着翅膀。

它们正在饮水……而我却嗓子眼干得要冒烟。在脚边一棵宽叶翠绿的羽衣草上有一颗硕大、晶亮、无比珍贵、宝石一般的露珠。

得小心翼翼地——千万别让它滚落了——俯下身去，摘取羽衣草的这片叶子，它的褶皱里蓄着世上最为纯洁的一滴露珠，而露珠里则精心汇聚着朝阳的全部欢乐。

毛茸茸滋润的草叶轻触双唇，于是甘洌的露珠滚上了干渴的舌头。

吉姆突然吠叫起来："啊，啊！哈—哈—哈—哈！"于是替我解渴的草叶顿时被抛置脑后，飞到了地上。

吉姆一边叫一边沿着溪岸奔跑，它尾部的螺旋状运动更加频繁和迅速了。

我赶紧往溪边跑去，努力使自己在岸上能赶在狗的前面。

但是我还是没来得及赶上：随着不太响亮的翅膀扑打声，一只看不见的鸟在一棵枝叶扶疏的赤杨后面飞了出去。

眼看着它在赤杨后面垂直上升，原来是只会嘎嘎叫的大野鸭。我因为心情激动，瞄也不瞄，举起枪透过枝叶就向它随意开了一枪。鸭子向后面的溪中坠落下去。

这一切发生得那么快,我简直觉得我没有开枪,是我的意识把它打下来的。我只想了想,它就掉了下来。

吉姆已经游过去取猎物,正把它搬上岸。它顾不上抖搂身上的水,一刻也没有松开叼着鸭子的嘴巴——那长长的鸭脖子垂到了地面,径直将它交到我手上。

"谢谢你,老头,谢谢你,亲爱的!"我俯身抚着它。

可它却已经在抖搂身上的水了,于是所有的水雾直接向我的脸上飞溅过来。

"哎哟,不懂礼貌的家伙!继续往前去吧!"

狗跑走了。

我用两个指头拿住鸭嘴的末端,把鸭子悬在空中。嘿嘿!鸭嘴没拉断,它系住整个身体的重量不在话下。那就是说是只成年的壮鸭,不是现在出窝的新鸭。

我匆匆忙忙地把鸭子挂到子弹带的皮带上,因为我那两条狗又在前面叫了。我急忙向它们走去,边走边装弹药。

狭窄的溪谷到这儿变宽了,一块小沼泽地一直延伸到山坡下,上面布满草墩、苔草。

吉姆和鲍埃在草丛里穿进穿出。那里究竟有什么?

整个世界现在就和这块小小的沼泽地融合在一起了,在猎人心中没别的愿望,只有一件事:快点儿看见两条猎狗在草丛里感觉到了什么,会飞出什么样的鸟儿,而且还要开枪不落空。

高高的苔草间看不见我那两条矮脚狗的身影,但是时而这里,时而那里,它们的耳朵像翅膀一样蹿到苔草的上头:两条狗正在作搜索式的跳跃,——要跳到跟前,以便看清近处的猎物。

长脚的田鹬从草墩里拔脚走的时候发出嚓咕嚓咕的声音,

那声音听起来仿佛你穿着靴子拔脚走在泥沼里。它飞得低低的,绕着大大的"之"字形。

我瞄准了。开了一枪,飞走了!

它飞了一个大大的半圆,然后伸出笔直的双腿降落到离我很近的草墩下面。它把自己像剑一样笔直的长喙俯向地面,停在了那里。

我不好意思这么近开枪打它,况且它停着。

可是吉姆和鲍勃却已经在旁边了。它们又赶得它飞了起来。我用左边的枪筒开了一枪,又落空了!

唉,真倒霉!你看我打猎打了三十年了,平生到手的田鹬也有几百只了,可是只要看到野禽在飞,心里还是按捺不住。我性急了一点。

可是有什么办法呢。现在得寻找黑琴鸡了,否则塞索伊·塞索伊奇看着我的猎物只会轻蔑地笑笑:对城里的猎人来说,田鹬

是一件漂亮的猎物,最为美味的菜肴,可乡下的猎人甚至不把它当鸟,跟一片面包、一件小玩意一样。

塞索伊·塞索伊奇在小山后面已经开到第三枪。也许打到的野禽已有约莫5公斤,不会少。

我跨过小溪,爬上一座峭壁。从这里的高处往西方可以看很远:那里有一大块采伐过的林地,它后面是大片的燕麦。我看见拉达的身影就在那里晃动。又看到塞索伊·塞索伊奇本人也在那里。

啊哈!拉达站住了!

塞索伊·塞索伊奇走近前去。只听见他开枪了:砰,砰!……双管齐发。

他走去捡猎物。

我也不能光看热闹。

我的狗已经跑进密林。那又怎么样呢,我有个规矩:如果我的猎狗在密林里走,我就走林间通道。

林间通道很宽阔,在鸟儿飞越它时可以从容地开枪。但愿能把它们往这儿撵。

鲍埃叫了起来,接着吉姆也叫了起来。我快步走上前去。

眼看着我赶到了狗的前面。它们在那儿倒腾什么?黑琴鸡,没错!它钻进了草堆里,在那里牵着狗的鼻子跑呢,我知道它的把戏。

特拉—塔—塔—塔—塔!还真是那么回事:只见黑琴鸡起飞脱了身,黑得像烧焦的黑炭。它直接沿着林间通道远飞而去。

我追着它连发了两枪。

它拐了个弯,在高高的林木后面消失了。

难道我又失算了？不可能:我似乎做得很妥当呀……

我吹了一声口哨召狗回来,便朝黑琴鸡消失的林子里走去。我自己在寻找,两条狗也在找,可哪儿也没有。

嗨,真懊丧！……真是个打不中枪的日子！而且没有可以怨的对象:枪是好枪,子弹是自己装的。

我得再试试,也许,在湖上能碰上运气。

我又走上了林间通道,沿着这条道走不多远,大约半公里,就到湖边了。心情坏透了。这时两条狗又不知去了哪儿,怎么叫也没有回应。

随它们去吧！我独自走。

鲍埃不知从哪儿冒了出来。

"你去哪儿了？你怎么想的:你以为自己是猎人,我呢只是你的帮手,就是个开开枪的？既然这样,那把枪给你,也许你自己会开枪！怎么？不会？那你趴下干吗,还把爪子向上伸？你想请求原谅！那得听话。一般说来西班牙狗傻里傻气。会伺伏的猎狗就不同了。"

要是野禽从拉达伺伏中飞出来,事情就简单了,我也就一次也不会落空了。野禽就跟被绳子拴住似的。你想想,要命中是多么容易！

不过前方在一根根树干后面已经隐隐约约现出了明晃晃的小湖。新的希望又充满了行猎人的心。

岸边是芦苇丛。鲍埃已经扑通一声跳入水中,一面泅水,一面晃动着高高的绿色芦苇。

嘎的一声响,马上从芦苇丛里飞起一只嘎嘎叫的鸭子。

我的枪声在小湖中央的上空追上了它。鸭子马上挂下了它

的长脖子,在水里拍打起阵阵水花。它肚子朝天躺在水面上,两只红红的爪子在空中抽搐地划动。

鲍埃的脑袋正向它游去。眼看着猎狗张大了嘴巴,想一口咬住鸭子,但是那家伙突然钻到水下不见了。

鲍埃弄不懂了:鸭子去了哪儿啦?它在原地转来转去,可鸭子还是没露面。

突然狗头钻进水里不见了。怎么回事?它被什么扎住了?沉到水底了?怎么办?

鸭子露出了水面,慢慢地向岸边游去。它游的样子很怪:侧着身子,而头却在水下面。

原来是鲍埃带着它呢!鸭子后面同样见不到狗的脑袋。真了不起:它潜到了水下,从水下把鸭子捡了来!

"干得不错。"传来了塞索伊·塞索伊奇的声音。他不知不觉地从后面走了过来。

鲍埃已经游到一个草墩边,爬了上去,把鸭子放下,然后抖搂身上的水。

"鲍埃,怎么不害臊!马上捡起鸭子,拿到这儿来。"

多么不听话的东西!它对我的吆喝根本不当回事!

不知从哪儿冒出了吉姆。它游到了草墩边,气呼呼地对儿子叫了一声,叼起鸭子,带到了我身边。

它把身上的水抖搂后就奔进了灌木丛,真叫人惊喜!它从那里带回了被打死的黑琴鸡。

现在才明白这么长时间这老头去了哪儿了:它在林子里到处搜寻,可能它还追踪过被我打中的黑琴鸡,跟随我拖着它走了半公里。

我在塞索伊·塞索伊奇面前多么为它们骄傲啊!

忠诚的老猎狗!你诚实而尽心尽力地听从了我十一年。难道这是你跟随我出猎的最后一个夏天?要知道狗的寿命是很短的。我还能找到另一个这样的朋友吗?

在篝火边喝茶时,这些想法出现在我的脑海里。小个儿的塞索伊·塞索伊奇务实地把野味挂在桦树枝条上:两只年轻的黑琴鸡,两只沉甸甸的年轻松鸡。

三条猎狗坐在我的旁边,贪婪地用眼睛注视着我的所有动作:会掉下给它们吃的一小块吗?

当然会掉下来:它们三个都干得很出色。这三条狗都是好样的。

已是中午时分。天空显得高远,一派蔚蓝。头顶上方依稀传来山杨的树叶瑟瑟抖动的声音。

太惬意了!

塞索伊·塞索伊奇坐下来,悠闲地卷着烟卷儿。他陷入了沉思。

看来现在我还会听到他讲述自己狩猎生涯中又一次有趣的经历,那可太好了。

在整窝整窝的野禽长大的时候打猎,现在正当其时。为了猎取谨小慎微的鸟儿,猎人什么狡猾的诡计没有施过呀!不过如果他不事先了解野禽的生活和习性的话,诡计也未必有用。

## 猎野鸭

猎人们早就发现,当年轻的野鸭能飞起来的时候,它们就整窝整窝集在一起,成群结队地在一昼夜里面从一个地方到另一个地方进行两次迁徙。白天它们钻进芦苇荡里睡觉和休息。等太阳一下山,它们就从芦苇荡里飞起来,踏上征途。

一个猎人已经守候着了。他知道它们将往田野上飞,所以在等候着它们。他站在岸上,躲在树丛里,面朝水面,对着日落的方向。

在太阳落下的地方,天际燃烧着一条宽广的光带。明亮的光带映衬出一群群野鸭黑魆魆的轮廓。它们直接向猎人的方向飞来。他很方便瞄准。不止一只鸭子被他突然发自树丛里的枪弹从鸭群中击落。

他在天全黑的时候射击。

夜里野鸭在种粮食的地里觅食。

清晨它们又飞回芦苇荡。

在它们返程的路上,一个看不见的猎人在等待着。现在背对水面站着,面朝东方。

鸭群正好又撞在了猎人的枪口上。

## 助　手

一整窝黑琴鸡在林间空地上觅食。它们和森林的边缘靠得比较近,以便万一有什么情况可以飞进救命的森林。

它们在啄食浆果。

一只小黑琴鸡听见了草丛里窸窸窣窣的脚步声。它抬起头,看到草丛上方悬着一张可怕的兽脸。肥厚的嘴唇耷拉着,在瑟瑟抖动。贪婪的双眼紧盯着匍匐在地的小黑琴鸡。

小黑琴鸡缩成软绵绵的一团。双方眼睛盯着眼睛,等待着下一步会怎么样。只要野兽稍有动弹,小黑琴鸡那强劲的翅膀就会扑开,把身子抛向一边,飞上去——你到空中去抓它吧。

时间一秒秒地慢慢过去。野兽的嘴脸依然悬在缩成一团的小黑琴鸡上方。鸟儿不敢起飞。野兽也不敢动弹。

突然传来一声命令:

"向前去!"

野兽冲了过去。小黑琴鸡啪啪啪地飞了起来,箭一般向救命的森林里飞去。

林子里传来一声轰鸣,一闪火光,一阵烟雾。小黑琴鸡一个跟头坠向地面。

猎人捡起它,又派遣猎狗继续前进:

"悄悄地走!再去找,拉达,再去找……"

## 在山杨林里

高高的云杉林里一片昏暗。

万籁无声。

太阳才刚刚下山。猎人在默默无声、挺拔的树干之间款款而行。

前方响起了沙沙声,犹如一阵骤然而起的风吹动了树木的枝叶:那里的前方是一片山杨树林。

猎人停住了脚步。

静悄悄一片。

这时响起了滴滴答答的声音,仿佛稀疏和硕大的雨点打在了树叶上。

滴,滴,答,答,答……

猎人悄无声息地向前走去。现在离山杨林已经很近了。

滴,答,答,答……接着不响了。

树叶过于茂密,什么也看不清。

猎人停步下来,不再走动。

这两者中究竟谁更有耐心:是待在山杨林里的那一位,还是持枪躲在下面的这一位?

久久没有出声。一片静寂。

过了一会又开始了:

答,答,滴……

啊哈,你终于供出自己啦!

一个黑糊糊的东西停在树枝上,用喙在啄下山杨树细细的叶柄。

猎人仔细地瞄准。于是疏于防范的年轻松鸡像一个沉重的土块飞速地向下坠落。

这是一场诚实的游戏。隐藏的是鸟儿,悄悄逼近的是猎人。

是谁发现在先?

是谁的耐心更坚定?

是谁的眼睛更锐利?

下面就是答案。

## 不诚实的游戏

一个猎人走在稠密的云杉林中,一条小道上。

"普尔,普尔尔尔,普尔尔尔!"

就在他脚边飞了出来——八只,十只——整整一窝花尾榛鸡。

他还来不及举枪,鸟儿已经各自飞进了稠密的云杉树的叶丛里。

最好不存努力的打算,也别想看清楚它们都在哪里停栖:就是看直了眼,你还是看不见。

猎人在紧靠小道的一棵云杉后面躲了起来。

他掏出一根小木笛,用气把它吹通了,坐到树墩上,扳上了扳机。接着把小木笛凑到嘴边。

游戏开场了。

年轻的榛鸡躲了起来,停得稳稳的。只要母亲不发来"可以出来"的信号,它们就会纹丝不动,连抖也不会抖一下。每一只鸟都停在各自的树枝上。

"比—依—依克!比—依—依克!比克—特尔尔尔!比亚季,比亚季,比亚季捷捷列维!"①

这就是信号:可以出来……

"比—依—依克,特尔尔尔尔尔!……"

是母亲满怀信心的召唤:

"可以了,可以了,飞到这儿。"

一只小榛鸡静悄悄地从树上溜到了地面。它在听母亲的声音在哪里。

"比—依—依克,特尔尔尔尔,特尔尔尔,——在这儿呢,过来吧,过来吧!"

---

① 这是模拟鸟叫声,"比亚季捷捷列维"正好是俄语中"五只花尾榛鸡"的意思,这只是作者对声音的联想,就如中国古代诗歌中把杜鹃的啼声模拟为"不如归去"一样。

小榛鸡跑出来上了小道。

"比—依—依克—特尔尔尔!"

这就是母亲所在的地方:在一棵云杉后面,那儿有个树墩。

小榛鸡拼命在小道上奔跑,向着猎人直奔而来。

一声枪响,猎人又拿起了小木笛。

小木笛的哨音酷似母鸟轻细的呼唤:

"比克—比克—比克—特尔尔尔!比亚季,比亚季,比亚季捷捷列维!……"

于是又一只受骗上当的小榛鸡会乖乖地迎面奔向死亡。

————————

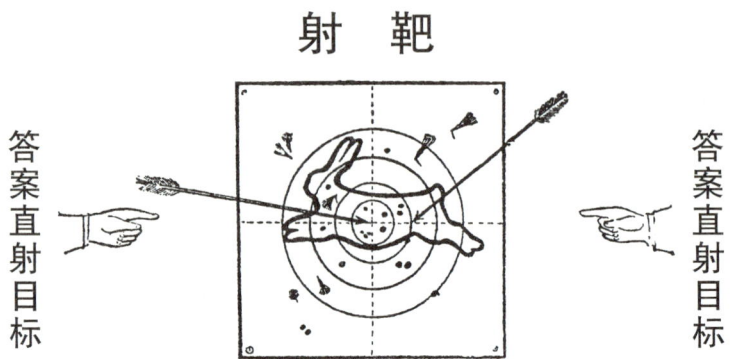

## 竞赛六

1. 鱼的体重是多少？
2. 十字圆蛛在蛛网上伺伏时，如何得知有猎物落到了网上？
3. 哪些兽类会飞？
4. 小鸟儿在白天发现猫头鹰时怎么办？
5. 凭它会使剪刀，这兽是裁缝；凭它身上有硬毛，这兽是鞋匠。(谜语)
6. 蜘蛛什么时候飞，又怎么飞？
7. 哪种成年的昆虫没有嘴？
8. 为什么雨燕和家燕在晴朗的天气飞得高，在潮湿天气贴近地面飞？
9. 为什么母鸡在下雨前在羽毛上擦自己的嘴？
10. 在观察蚁穴时，如何得知将要下雨？
11. 蜻蜓吃什么？
12. 什么可怕的猛兽喜欢吃马林浆果？

13. 夏季观察鸟类踪迹的最佳地方在哪里?

14. 我国哪种颜色的啄木鸟体型最大?

15. "魔鬼烟"是怎么回事?

16. 心脏在院子里,脑袋在桌子上,脚在田地里。(谜语)

17. 皮我们带着,肉我们丢了,头我们吃了。(谜语)

18. 身子黑的时候又好蜇人又好斗,身子变红了就又乖又服帖。(谜语)

19. 汉子身穿金衣躺地上,腰间还把腰带绑,自己站不起,人把它抱起。(谜语)

20. 我默不作声,却从远处和你说话。(谜语)

# 公 告

## 请通知大家

椋鸟去哪里安身了?白天有时还能见到它们——在田野和牧场。但是夜里它们在哪里藏起了自己的身影?自从小鸟一出窝,它们早就离开了自己的窝,而且再也没有回来。

*本报编辑部*

## 我们带给读者的问候

我们是来自北冰洋岛屿和海滨的髯海豹、海象、格陵兰海豹、白熊和鲸。

我们受托将读者的问候带给非洲的狮子、鳄鱼、河马、斑马、鸵鸟、长颈鹿和鲨鱼。

*从北方飞经此地的鹳、野鸭和海鸥*

## 测试五

## "火眼金睛"称号竞赛

### 是哪种动物的身影

图1　　　　图2　　　　图3　　　　图4

这些画里哪一幅是雨燕,哪一幅是其他的燕子?

你坐在某一处开阔地上——在田野,在山冈,在河边陡岸上。太阳高悬在天空。在你面前的土地上、沙滩上或者水面上,掠过或滑过在你头顶上空飞翔的猛禽的影子。

假如你的眼睛很敏锐而且训练有素,你连头也不用抬,凭它的影子,凭它在地面上掠过的黑色轮廓,你就能认出每一只猛禽。

这是一个迅捷而轻盈地掠过的影子。狭窄的翅膀像镰刀,尾巴长长的,尾缘圆圆的(图5)。

图5

这是什么鸟在飞?

鸟的影子大致是这样的身材。但整个身子还要宽,翅膀厚厚的,尾巴是直的(图6)。

这是什么鸟在飞?

图6

影子更大,翅膀更厚,尾巴呈扇形,底缘圆形(图7)。

这是什么鸟在飞?

图7

也是很大的影子,翅膀急剧地弯曲,尾巴的末端呈凹形(图8)。

这是什么鸟在飞?

图8

影子更大,翅膀呈角形而且末端像被剪过,尾部呈直角形(图9)。

这是什么鸟在飞?

图9

非常大的一个影子,翅膀巨大,翅的末端仿佛张开的手指;头和尾似乎比较小(图10)。

这是什么鸟在飞?

图10

射　靶

火眼金睛

答　案

# 射靶答案

*检查你的答案是否中靶*

## 竞赛四

1. 从 6 月 21 日起。这是一年中白昼最长的一天。
2. 刺鱼。
3. 幼鼠。
4. 海鸥、生活在沙岸的鹬。
5. 接近沙和寒鸦的颜色。
6. 后腿。
7. 五根:三根刺在背上,两根在腹上。我们这儿还有长九根刺的刺鱼。
8. 家燕的窝向上开口,毛脚燕的窝在旁边开口。

9. 因为如果用手碰过鸟蛋了,鸟就会抛弃这个窝。

10. 有。

11. 翠鸟。

12. 因为这些鸟对自己的巢做了装饰,伪装成外表像它们借以筑巢的树上所附生的地衣。

13. 远非如此。许多种鸟(如苍头燕雀、红额金翅雀、柳莺)孵两次小鸟,有些(如麻雀、黄鹂)一个夏季孵三次。

14. 有。在长满苔藓的沼泽地有一种茅膏菜。茅膏菜捕捉并吃掉停在它有黏性的圆叶上的蚊子、蚊蚋和别的昆虫。在河流和湖泊里有一种狸藻,它捕捉钻进它小泡中的水生小虾、昆虫和小鱼。

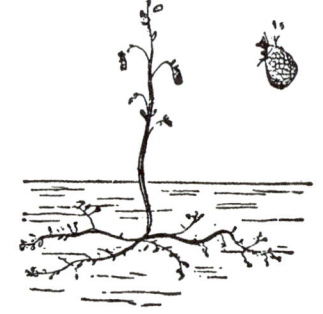

15. 银白色的水蜘蛛。

16. 杜鹃。

17. 乌云。

18. 割草机:草倒下了,草垛堆起来了。

19. 谷穗上的谷粒灌满了浆。

20. 青蛙。


## 竞赛五

1. 尚未破壳而出的小鸟在喙的上面有一个坚硬的点状突起物,小鸟凭借它来打破蛋壳。这个突起物称为"卵牙"。出壳后这颗"牙齿"就脱落了。

2. 有尾巴的。因为奶牛在吃草时用尾巴来驱赶纠缠不休地叮咬它的昆虫。没有尾巴的奶牛没有东西来驱赶牛虻和苍蝇,它们吃得比较少,因为不得不不时地挥动脑袋,并来回走动。

3. 因为它的腿很容易折断。断腿离开身体时所做的动作就像割草一样。

4. 夏天,因为那时到处都有无助的雏鸟和幼兽。

5. 鸟类。

6. 许多昆虫,例如蝴蝶:卵,毛虫,从毛虫的蛹变成蝴蝶。

7. 鹅的羽毛总是表面覆盖着一层脂肪,所以不会被水浸湿,水珠从上面滚落。

8. 因为狗不像马,它没有汗腺。它伸出舌头用以散发表面的热量。

9. 杜鹃的幼雏。杜鹃把蛋和自己的幼雏交给别的鸟儿喂养。

10. 蚁䴕鸟。

11. 年轻的白嘴鸦嘴巴是黑色的,和乌鸦一样,老白嘴鸦的嘴是暗白色。

12. 刺鱼。

13. 蜜蜂刺过别的生物后自己会死去。

14. 母乳。

15. 向阳,也就是朝向南方。

16. 打雷和闪电。

17. 牛的腿、角和尾巴。

18. 变形牛肝菌。

19. 野蔷薇的浆果。

20. 蛭蛇。

## 竞赛六

1. 和它排开的水等重。

2. 十字圆蛛伺伏时一个爪子抓着绷紧的蛛丝,蛛丝的另一头连着蛛网。苍蝇落到蛛网上后,震动了蛛网,蛛丝就牵动蜘蛛的腿,使它知道猎物落网了。

3. 蝙蝠。还有鼯鼠(生活在我国森林中的一种体侧肢间有皮膜的鼠),飞行距离有几十米。

4. 成群结队地聚集起来,向猫头鹰叫喊、冲扑,直至把它赶走。

5. 虾。

6. 在阳光晴好的白昼。风将年轻的蜘蛛和蛛丝一起吹起来,并在空中带走。

7. 蜉蝣。

8. 燕子在飞行中捕食蚊蚋、蚊子和别的会飞的昆虫。在晴朗的日子空气干燥,这些昆虫升到离地面很高的地方。在潮湿天气空气比较

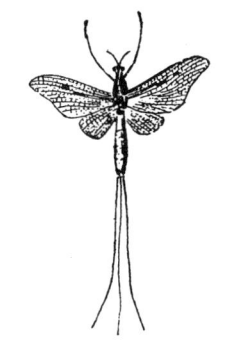

重,饱含水汽,就使它们不能高飞。

9. 预感到要下雨时母鸡就用尾脂腺分泌的脂肪擦羽毛。这个腺体位于尾部上方的羽毛旁边。

10. 下雨前蚂蚁躲进蚁穴并堵住通往里面的入口。

11. 各种会飞的昆虫——苍蝇、蜉蝣、水蛾。

12. 熊。

13. 在泥泞中,水藻里或河流、湖泊和池塘的岸边,常常有许多鸟儿飞集这里,它们都会留下清晰的脚印。

14. 头顶颜色黑里带红的。

15. 菌类植物马勃的孢子。成熟的马勃稍稍一碰就会开裂,从中会释放出烟雾状粉尘("魔鬼烟"),即孢子粉。

16. 谷物的穗:院子里堆的是秸秆,餐桌上放的是面包,地里留下的是禾茬。

17. 大麻:皮用来搓绳,芯子丢弃,从头里打下的种子可以榨大麻油。

18. 虾。

19. 禾捆。

20. 回声。

# "火眼金睛"称号竞赛答案

## 测试三

图 1. 啄木鸟的树洞。你注意看:树洞下方地面上有整整一堆再新鲜不过的木屑。这是啄木鸟用喙为自己在树内凿住所时啄出来的。树干干干净净,没有一处弄脏。啄木鸟是非常爱清洁的鸟,它为自己的小鸟收拾得很干净。

图 2. 椋鸟在其中孵育出小鸟的树洞。树下地面上没有新鲜木屑,树干上刷满了石灰浆。

图 3. 鼹鼠窝。地下居民鼹鼠在夏季时经常接近地面,并用土堆起一个疏松的小土丘,但自己不暴露在外。

图 4. 灰沙燕的聚居地。它们在沙质陡岸上挖出一个个小洞作为巢穴。许多人以为这是雨燕的巢,但是雨燕从来不在这样的洞里巢居,它们的巢筑在阁楼间、钟楼上、高大树木的树洞里、岩石山崖上和椋鸟窝里。

图 5. 松鼠窝。它由树枝做成,圆形,里面有苔藓露出来——这是睡觉的床垫。从这堆苔藓立即可以认出这不是鸟巢。

图 6. 獾所挖的洞穴,但居住在里面的却是狐狸。一看便知这是善于挖洞的家伙的作品:有几个出入口,而且没有一个坍塌。但是洞口有鸡、黑琴鸡的毛和骨头,啃过的兔子脊梁骨——吃剩的残渣,是十分凶暴又不大爱清洁的野兽的食余物,当然是狐狸的杰作了。

图 7. 也是獾所挖的洞穴,它至今还在那里住着。獾是很爱清洁的野兽:在它居住的地方找不到任何吃剩的废弃物。而且它吃得较多的是软体动物、青蛙和树根。

## 测试四

图 1. 凤头鸊鷉的幼雏。

图 2. 母黑琴鸡。

图 3. 野鸭的幼雏。

图 4. 黑琴鸡的幼雏。

图 5. 公红脚隼。

图 6. 苍头燕雀的幼雏。

图 7. 公苍头燕雀。

图 8. 红脚隼的幼雏。

图 9. 公野鸭。

图 10. 雌凤头鸊鷉。

　　检查一下你是否正确地把小鸟和它们的父母放在一起了:

　　黑琴鸡爸爸—图 4.—图 2.

　　图 9.—图 3.—野鸭妈妈

　　图 7.—图 6.—苍头燕雀妈妈

　　图 5.—图 8.—红脚隼妈妈

凤头䴙䴘爸爸—图1.—图10.

如果你正确地把小鸟和父母放在一起了(就如这里标示的那样),那么每一只无家可归的小鸟左边就有了它爸爸,右边有了它妈妈。

## 测试五

图1.和图2. 灰沙燕和雨燕。雨燕个头比我们这里所有的燕子都大,它有很长的翅膀,像镰刀。

图3.和图4. 毛脚燕和家燕(尾部羽毛弯曲)。

图5. 飞行中的小红隼的影子。

图6. 飞行中的鹞鹰的影子。

图7. 飞行中的鸢的影子。

图8. 飞行中的黑鸢的影子。

图9. 飞行中的鹗(鱼鹰)的影子。

图10. 飞行中的雕的影子。

把这些图影临摹到自己的练习本内,记住它。

注意,隼的翅膀是尖的,呈镰刀形;鹞鹰的翅膀由里向外弯;鸢的尾巴末端是圆的,而鸢的尾巴有三角形的开口;鱼鹰的翅膀有棱角,尾巴是直的,像被砍过似的;雕的翅膀大而宽,末端有叉开的羽毛。

图书在版编目(CIP)数据

森林报·夏/(俄)比安基著;沈念驹译.—杭州:浙江文艺出版社,2010.3(2019.10 重印)
(青少年文库)
ISBN 978-7-5339-2753-0

Ⅰ.①森… Ⅱ.①比…②沈… Ⅲ.①森林—青少年读物 Ⅳ.①S7-49

中国版本图书馆 CIP 数据核字(2010)第 031640 号

Виталий Бианки
Лесная газета
на каждый год
据Детгиз,Ленинград,1955译出

责任编辑　王晓乐
装帧设计　唐　筠
责任校对　杨爱英

## 森林报·夏

[俄]比安基　著
沈念驹　译

出版　浙江文艺出版社
地址　杭州市体育场路347号
邮编　310006
网址　www.zjwycbs.cn
经销　浙江省新华书店集团有限公司
制版　杭州天一图文制作有限公司
印刷　浙江新华数码印务有限公司
开本　880×1230　1/32
印张　5.5
插页　3
印数　59501—64500
版次　2010年3月第1版　2019年10月第15次印刷
书号　ISBN 978-7-5339-2753-0
定价　**12.00**元

版权所有　违者必究